城市强可持续发展丛书

主体功能区规划支持系统
基于强可持续发展范式

张晓瑞 著

东南大学出版社
·南京·

内容提要

主体功能区已成为中国的国家发展战略,是当前城市与区域科学的热点研究课题。本书以研发区域主体功能区规划支持系统为中心,遵循"模型—方法—系统—应用"的总体技术路线,以强可持续发展生态阈值理论为基础构建了主体功能区规划决策模型,利用多准则决策分析方法、基于遗传算法的投影寻踪模型、数据包络分析模型,基于遥感和 GIS 的生态适宜性评价技术、情景规划分析技术等构建了主体功能区规划决策方法,然后在 GIS 平台上把模型和方法进行综合集成,研发了一套完整的区域主体功能区规划支持系统,同时,通过实证应用检验了系统的有效性。由此可为主体功能区规划研究和实践提供一个科学决策的技术支持平台以及重要的参考和借鉴。

本书可供城市规划、区域规划、土地利用规划、地理信息系统等相关领域的科研、教学、实践工作者以及政府相关部门管理人员阅读参考,也可作为相关专业本科生、研究生的教学参考书。

图书在版编目(CIP)数据

主体功能区规划支持系统:基于强可持续发展范式
/张晓瑞著. —南京:东南大学出版社,2012.5
(城市强可持续发展丛书)
ISBN 978-7-5641-3418-1

Ⅰ.①主⋯　Ⅱ.①张⋯　Ⅲ.①区域规划—研究—中国
Ⅳ.①TU982.2

中国版本图书馆 CIP 数据核字(2012)第 065160 号

书　　名:主体功能区规划支持系统——基于强可持续发展范式
著　　者:张晓瑞
责任编辑:孙惠玉　　　　　编辑邮箱:894456253@qq.com
出版发行:东南大学出版社
社　　址:南京市四牌楼 2 号　　邮　　编:210096
网　　址:http://www.seupress.com
出 版 人:江建中

印　　刷:溧阳市晨明印刷有限公司
排　　版:南京新洲印刷有限公司照排中心
开　　本:700mm×1000mm　1/16　印张:13.75　字数:221 千
版　　次:2012 年 5 月第 1 版　2012 年 5 月第 1 次印刷
书　　号:ISBN 978-7-5641-3418-1
定　　价:39.00 元

经　　销:全国各地新华书店
发行热线:025-83790519　83791830

* 版权所有,侵权必究
* 凡购买东大版图书如有印装质量问题,请直接与营销部
　联系(电话:025-83791830)

前言

改革开放以来,中国的城镇化和工业化进程大大加快。然而在经济社会发展水平快速提高的同时,自然生态环境却面临着巨大的压力并长期处于超负荷状态,这已经成为制约我国经济社会持续健康发展的瓶颈。转变经济发展思路,科学合理地进行国土空间开发和利用是当前我国亟需解决的问题。为此《中华人民共和国国民经济和社会发展第十一个五年规划纲要》明确提出要推进形成区域主体功能区,促使经济发展与人口、资源、环境相统一,把经济社会发展切实转入全面协调可持续发展的轨道。由此,区域主体功能区规划研究成为我国当前区域科学热点研究课题之一,其核心在于一套科学、系统、直观而易于理解和推广的规划决策技术。

可持续发展有两种范式,即弱可持续发展和强可持续发展。主体功能区规划不仅要实现区域的弱可持续发展,更要实现区域的强可持续发展。基于此,本书在强可持续发展范式的理论基础上,以研发主体功能区规划支持系统为研究中心,构建了一套完整的区域主体功能区规划决策技术,包括规划决策模型和规划决策方法。进而在 GIS 平台上利用 VB. NET 语言对规划决策模型和决策方法进行系统集成和一体化定制,从而得到了一个灵活、高效的区域主体功能区规划支持系统。本书包括三大部分,共 8 章内容。

第一部分包括第 1 章至第 2 章,为本书的研究基础。

第 1 章首先阐述了本书的选题背景和意义,在对国内外相关研究进行综述的基础上,提出了本书的研究内容、方法和技术路线。

第 2 章分析了规划支持系统的基本问题,包括与其紧密相关的决定支持系统和地理信息系统基础知识,规划支持系统的概念、特点、结构以及其与决策支持系统、地理信息系统的联系和区别。

第二部分包括第 3 章至第 7 章,为本书的研究主体。

第 3 章为区域主体功能区规划决策模型研究,包括规划决策的概念模型和相应的数学模型。规划决策模型是开发规划支持系统的前提和基础，没有模型的支持，也就没有真正意义上的规划支持系统。本章基于强可持续发展范式的生态阈值理论和区域综合生态价值观构建了区域主体功能区的规划决策模型，即基于"承载力—潜力—压力—阻力"的空间超维作用力模型。通过构造综合划分指数 IPI，解决了目前区域主体功能区规划中开发类和保护类的阈值确定这一关键技术问题，实现了区域主体功能区的科学规划。

第 4 章为区域主体功能区规划决策方法研究，围绕规划决策模型提出了一系列具体的决策技术方法，主要包括指标体系构建、指标标准化赋值、基于遗传算法的投影寻踪模型和基于层次分析法的指标权重计算、指标综合规划、情景规划分析法进行多方案比较和选择、数据包络分析法计算空间开发效率等，从而实现区域主体功能区规划的科学决策。

第 5 章论述了区域主体功能区规划支持系统开发的基本问题，包括开发的必要性和可行性分析、开发的原则、目标、模式和方法。

第 6 章全面分析了区域主体功能区规划支持系统的开发和实现，主要包括系统开发策略，系统总体设计，系统详细设计等内容。在前 5 章研究的基础上，以 ArcGIS Engine 为开发的 GIS 平台，以 VB.NET 为开发语言，采用组件式开发方法，把规划决策模型、规划决策方法和 GIS 进行有机集成和一体化定制，开发实现了一个界面友好、高效灵活的区域主体功能区规划支持系统。

第 7 章为实证研究，把区域主体功能区规划支持系统应用在京津地区的主体功能区规划实践中，规划结果符合客观实际，取得了良好的系统应用效果。系统的应用不仅提高了区域主体功能区规划决策的效率，更重要的是使规划决策过程更富灵活性，提高了规划决策的质量和效果，从而使规划决策的结果更加科学合理。

第三部分即第 8 章，总结了全文的主要研究内容和创新点，并指出研究中存在的不足和继续研究的方向。

本书的中心工作是研发建立在主体功能区规划决策模型基础之上的主体功能区规划支持系统，而主体功能区规划决策模型则是以强可持续发展范式为理论依据构建的。因此，从此点看，没有强可持续发展范式的理论支撑，就不会有本书所构建的主体功能区规划决策模型，进而本书所研发的主体功能区规划支持系统也就失去了存在的依据。此也是本书以"基于强可持续发展范式"为副标题的原因所在。

综上,本书的核心创新点在于:在强可持续发展范式的理论基础上首次构建了主体功能区的规划决策模型及其规划决策方法,进而把规划支持系统技术应用到了主体功能区规划领域,自主研发了主体功能区规划支持系统,由此能够对区域主体功能区规划提供科学的决策支持。

张晓瑞

2012 年 4 月

目录

1 绪论 /1
  1.1 引言 /1
  1.2 研究背景和意义 /3
    1.2.1 研究背景 /3
    1.2.2 研究意义 /7
  1.3 国内外相关研究进展 /7
    1.3.1 区域规划研究 /8
    1.3.2 区域主体功能区规划研究 /11
    1.3.3 区域主体功能区规划支持系统研究 /20
    1.3.4 研究述评 /21
  1.4 研究内容、方法及技术路线 /24
    1.4.1 研究内容 /24
    1.4.2 研究方法 /25
    1.4.3 技术路线 /26

2 规划支持系统概述 /27
  2.1 决策与决策支持系统 /27
    2.1.1 决策的概念和类型 /27
    2.1.2 决策支持系统 /28
  2.2 地理信息系统 /30
  2.3 规划支持系统 /32
    2.3.1 概念 /32
    2.3.2 特点 /33
    2.3.3 结构 /34
  2.4 PSS 和 DSS、GIS 的联系与区别 /34
    2.4.1 PSS 和 DSS 的联系与区别 /34
    2.4.2 PSS 和 GIS 的联系与区别 /35
  2.5 小结 /37

3 区域主体功能区规划决策模型 /38
3.1 概述 /38
3.1.1 模型 /38
3.1.2 地理模型 /39
3.1.3 构建区域主体功能区规划决策模型的必要性 /41
3.2 区域主体功能区规划决策模型构建基础 /42
3.2.1 地域分异理论 /42
3.2.2 复杂系统论 /43
3.2.3 强与弱:两种可持续发展范式 /44
3.3 区域主体功能区规划决策概念模型 /49
3.3.1 模型功能 /49
3.3.2 模型假设 /50
3.3.3 模型构建与分析 /51
3.4 区域主体功能区规划决策数学模型 /59
3.5 小结 /62

4 区域主体功能区规划决策方法 /63
4.1 概述 /63
4.1.1 决策方法基础:多准则决策理论 /63
4.1.2 区域主体功能区规划决策方法总体步骤 /64
4.2 指标体系构建 /67
4.2.1 构建原则 /67
4.2.2 指标体系建立 /68
4.3 指标数据标准化 /69
4.4 指标权重计算 /71
4.4.1 主观赋权 /71
4.4.2 客观赋权 /75
4.5 决策规则 /81
4.6 生态阻力计算 /82
4.7 情景规划分析 /85
4.8 空间开发效率计算 /87
4.9 小结 /93

5 区域主体功能区规划支持系统开发基础 /94

5.1 系统开发的必要性和可行性 /94
- 5.1.1 必要性 /94
- 5.1.2 可行性 /95

5.2 系统开发的原则和目标 /97
- 5.2.1 开发原则 /97
- 5.2.2 开发目标 /99

5.3 系统开发的模式和方法 /99
- 5.3.1 开发模式 /99
- 5.3.2 开发方法 /101

5.4 小结 /101

6 区域主体功能区规划支持系统开发与实现 /103

6.1 开发策略 /103
- 6.1.1 规划决策模型与GIS的集成 /103
- 6.1.2 GIS开发平台 /104
- 6.1.3 计算机编程平台 /108

6.2 系统总体设计 /109
- 6.2.1 系统设计环境 /109
- 6.2.2 系统结构设计 /115
- 6.2.3 系统功能设计 /116

6.3 系统详细设计 /119
- 6.3.1 文件菜单设计 /119
- 6.3.2 查看菜单设计 /119
- 6.3.3 数据预处理菜单设计 /120
- 6.3.4 规划指标菜单设计 /121
- 6.3.5 规划编制菜单设计 /124
- 6.3.6 规划管理菜单设计 /129
- 6.3.7 工具栏设计 /132
- 6.3.8 系统功能总结 /133
- 6.3.9 系统流程总结 /135

6.4 系统优点和不足 /136
6.5 小结 /137

7 区域主体功能区规划支持系统应用　/ 138

7.1 京津地区概况　/ 138
7.1.1 自然环境　/ 138
7.1.2 经济社会　/ 139

7.2 京津地区空间开发效率计算　/ 142
7.2.1 计算思路　/ 142
7.2.2 指标体系　/ 143
7.2.3 结果分析　/ 143

7.3 规划指标体系　/ 148

7.4 规划数据　/ 151
7.4.1 数据来源　/ 151
7.4.2 数据处理与建库　/ 151

7.5 区域主体功能区规划支持系统运行　/ 154
7.5.1 规划指标体系建立　/ 154
7.5.2 资源环境承载力计算　/ 155
7.5.3 经济社会潜力计算　/ 158
7.5.4 环境压力计算　/ 161
7.5.5 生态阻力计算　/ 162

7.6 多情景规划决策　/ 165
7.6.1 两种发展情景下的规划方案　/ 166
7.6.2 两种规划方案分析　/ 169
7.6.3 规划方案选择与分析　/ 170

7.7 小结　/ 175

8 研究总结与展望　/ 176
8.1 主要总结　/ 176
8.2 主要创新点　/ 178
8.3 研究展望　/ 178

参考文献　/ 180

附录　/ 198

图片来源　/ 207

表格来源　/ 208

后记　/ 209

1 绪论

1.1 引言

近年来,伴随经济全球化和发展中国家快速城市化的步伐,知识经济、信息经济和生态经济迅猛发展,以国家和地区行政区划为主体的地域分工格局已被逐步打破,人口密集区特别是大都市区的区域地位和作用日益显现。在此背景下,西方发达国家加强了对区域分工和区域管理的研究,提出了一系列理论、方法和政策。从欧洲的空间规划到空间管制,从美国单纯的"分区制"走向"精明增长",从日本、韩国的国土综合整治到可持续发展开发规划等等,旨在不断提升区域竞争力,以确保发达国家在国际竞争中的优势地位(Friedmann and Weaver,1979)。1983年欧洲联合会的《欧洲区域/空间规划宪章》正式发表,成为空间规划的里程碑(霍兵,2007)。1999年和2000年世界经合组织(OECD)在巴黎成功召开两次空间规划国际研讨会,欧洲国家和美、日等国与会代表就空间规划的概念基本达成一致。2001年OECD出版了《走向空间规划的新角色》(*Toward the New Role for Spatial Planning*)一书,反映了对未来全球经济发展具有至关重要作用的空间规划领域的最新进展(张伟,2005)。以此为标志,大尺度的战略空间规划和国家规划体系已成为当今规划学科发展的前沿之一,成为考虑国家、区域和地方规划的战略出发点(霍兵,2007)。

我国区域(空间)规划和区域政策的发展大体经过了以下历程(胡序威,1998;崔功豪等,1999;方创琳,2000;樊杰,2007):一是从新中国成立后到改革开放前这一时期,我国区域规划、区域政策的基本出发点是建立战略防御型的经济布局,工业优先发展、自成体系、均衡发展(黄秉维,1958;任美锷和杨纫章,1961)。二是改革开放后到20世纪90年代前,"七五"计划提出了"东、中、西"三大地带划分思想,以及沿海开放城市和沿海经济开放区;到20世纪80年代初,我国区域规划工作转移到以国土综合开发整治为中心的国土规划上来。三是1992年以来国家建立的沿海、沿江、沿边的开放城市体系,至此,我国全方位对外开放的空间经济格局基本形成。四是"十五"时期实施新的区域政策和"十一五"时期的主体功能区区域政策,同时规划界也开始思考从空间整合的角度重构完整的中国空间规划体系(吴良镛,2001;王凯,2006;汪劲柏和赵民,2008)。

与国外发达国家相比,我国传统区域管理模式存在以下缺陷:① 区域管理等同于行政区管理,导致地方保护主义盛行;② 区域管理观念和考核指标体系陈旧,忽视"以人为本"和"生态优先"的要求;③ 空间管制、规划管理和决策技术支撑体系落后。面对这种形势,2006 年国家"十一五"规划首次提出推进形成区域主体功能区,根据区域的资源环境承载能力、现有开发密度和发展潜力,将国土空间划分为优化开发、重点开发、限制开发和禁止开发四类主体功能区,由此统筹考虑未来我国人口分布、经济布局、国土利用和城镇化格局,从而最大限度地发挥各种土地利用类型的集约化效益。这是促进区域协调发展的新思路,是构筑我国有序区域发展格局的依据(马凯,2006),是对国土空间开发体制和机制方面的一项重大创新(高国力,2007),是我国当前区域科学热点研究课题之一,同时这也对相关学科理论、方法与实践提出了新的挑战。

国家在提出区域主体功能区规划任务时,明确了要从区域的资源环境承载能力、现有开发密度和发展潜力出发进行划分,但这仅是一个宏观的指导性意见,并没有给出进一步的具体划分方法和技术步骤。目前全国各地都纷纷开展了区域主体功能区规划工作,并取得了积极进展。然而应看到,截至目前学术界对如何确定规划依据还存在较大争议,尚未达成共识,其中包括指标体系建立、类型阈值确定以及主体功能区规划集成技术方法等,而且国家层面上统一的规划技术方法还没有公开出现。在 2007 年主体功能区规划实践与理论方法研讨会上,国内著名专家学者一致认为,类型阈值的确定是划分四类主体功能区的关键与难点,将直接影响区划结果(张虹鸥等,2007)。这是因为"国家目前通过'主体功能'将开发类和保护类复合在一起,就增加了难度",而"开发类与保护类之间却是突变的"(樊杰,2007),如何科学合理地界定二者之间的分界点依然是区域主体功能区规划的难点所在。

区域主体功能区规划的核心思想是可持续发展理念,规划决策的核心是一套基于生态价值观和生态技术的科学、系统、直观、易于理解和推广的规划决策技术方法,规划决策技术方法构成了区域主体功能区规划研究的中心内容。本研究针对区域主体功能区类型阈值的确定这一核心问题,将关键自然资本不能减少的强可持续发展生态阈值理论与主体功能区规划的综合评价技术相结合,提出了一套完整系统的区域主体功能区规划决策模型和规划决策方法。同时以规划决策模型、规划决策方法为核心,开拓性地引入先进的规划支持系统(Planning Support Systems,PSS)的概念,利用现代计算机和空间信息技术,以地理信息系统(Geographic Information System,GIS)作为二次开发的基本技术平台,通过 Visual Basic.NET(VB.NET)计算机编程语言把规划决策模型、规划决策方法和 GIS 进行有机集成和一体化定制,设计并实现了生态约束下的区域主体功能区规划支持系统(Planning Support System of Regional Main Functional Areas,RMFA-PSS),并把 RMFA-PSS 应用在京津地区的主体功能区规划实践中,以期为我国区域主体功能区规划研究和实践提供理论、技术和方法参考。

本书选题来源于国家高技术发展研究 863 计划项目《区域主体功能区规划支持系统应用研究》(2007AA12Z235)。同时,得到了安徽高校省级自然科学研究重点项目(KJ2010A281)和中央高校基本科研业务费专项资金(2012HGXJ0047)的联合资助。

1.2 研究背景和意义

1.2.1 研究背景

1) 中国的城镇化和工业化

诺贝尔经济学奖获得者斯蒂格利茨曾经预言:世界将有两大事件会对 21 世纪人类社会进程带来深刻影响,一是以美国为首的高技术革命(已见证),二是中国兴起的城市化运动(正在形成见证),中国的城市化已成为具有世界意义的行动。

我国自改革开放以来,经济飞速发展,城镇化进程明显加快。特别是在社会主义市场经济体制下,城镇化模式由计划经济体制下的"自上而下"转为"多元并行"的发展格局,中国城镇化得到了前所未有的发展,城镇的规模和数量迅速增加,城镇建设量大面广。中国社会科学院 2009 年发布的《城市蓝皮书》中表示:近年来,中国城镇人口比重从 1980 年的 19% 提高到 2005 年的 43%,增速是同时期世界平均水平的 3 倍,而同年中国工业化水平综合指数达到50,已进入工业化中期后半段。截至2007年,全国287个地级及以上城市在2007年的GDP共计157 284.5亿元,占2007年我国GDP的63.0%;而截至2008年末,中国城镇化率达到45.7%,拥有6.07亿城镇人口,建制城市655座,其中百万人口以上特大城市118座,超大城市39座。而纵观近十年来中国的重大发展战略,可以发现城镇化一直被予以高度关注。"十七大"报告中要求必须坚持走中国特色的城镇化道路;"十一五"规划纲要提出,要积极稳妥地推进城镇化,逐步改变城乡二元结构,最终实现城乡一体化发展的新格局。总之,城市已经成为中国区域经济和国家经济增长的核心,城镇化在促进中国经济社会发展、推进新型工业化等方面发挥了重大作用。

城镇化和工业化是一个国家和地区经济社会发展过程中所必经的阶段,二者具有循环累积作用,常常带来加速度,使城镇和新工业不断得到发展(李世泰和孙峰华,2006)。工业化作为城镇化的根本动力,它不仅能够提高劳动生产率,创造新的生产方式,而且能够极大地提高城镇的生产效率,不断吸引资源和生产要素向城镇聚集,从而扩大城镇的规模,使工业化和城镇化表现出较强的正相关性。

然而,伴随着中国的快速城镇化和工业化,大量的农村人口涌入城市,城市的人口规模和用地规模不断扩大,城市的开发建设面临严峻挑战。更重要的是,中国的城镇化过程与其他国家有所不同。在西方国家,城镇化伴随着工业化而发展,在工业化初期,工业依靠扩大规模和增加就业人数而增长,因此,工业化解决了城镇化带来的大量人口就业的问题。我国目前的情况则是:工业化水平还不高、城镇化的趋势又不可逆转,因此,我国需要走城镇化、工业化同时推进的道路,这在很大程度上增加了问题的复杂性。

2) 资源环境问题

我国人口众多,人均资源拥有量少,生态环境脆弱,粗放的、单纯追求GDP增长的发展模式必将给我国的生态环境带来灾难性后果,从而反过来影响国家经济社会的发展。改革开放以来,我国经济总量保持快速增长,但是这种增长很大程度上以高投入、高消耗、高排放、高污染、低效益为代价,很难长期维持下去。同时以GDP为核心的经济社会发展考评机制和基于行政区划的经济运行体制带来的问题和弊端越来越突出,各地区之间重复建设、恶性竞争,不顾资源环境承载力而无序发展和过度开发建设。为了增加 GDP 总量,不少地区不顾自身实际情况,争相上马一些高消耗、高污染、资源加工型的"两高一资"性开发项目,造成了严重的资源破坏和环境污染问题。

总体上看,我国是一个资源并不富集、而且空间分布非常不平衡的国家。由于人口数量快速增加,再加上粗放的经济增长方式,使得我国资源环境承载能力面临日益严峻的挑战。根据国家发改委宏观经济研究院国土地区研究所的研究(2007),从土地资源看,2005 年,我国耕地面积为 18.31 亿亩,人均 1.4 亩,不足世界平均水平的 40%,约相当于美国的 1/8,印度的 1/2。与 1996 年相比,不到 10 年,耕地净减少 1.21 亿亩。从水资源看,2005 年,全国人均水资源 2 098 m^3,仅为世界平均水平的 27%,是全球人均水资源最贫乏的国家之一。从生态环境状况看,2005 年全国水土流失面积 356 万 km^2,占国土总面积的 37.1%。目前,中国单位 GDP 能耗是美国的 4.3 倍,德国和法国的 7.7 倍,日本的 11.5 倍;单位 GDP 水耗是美国的 10 倍,日本的 24 倍。

在资源环境问题中,突出地表现为土地资源消耗速度加快(靳东晓,2006),我国已经成为世界上人地矛盾最尖锐、最突出的国家之一。土地是人类赖以生存的基础,是极其有限又不可再生的自然资源。然而我国城镇化和工业化进程中的土地利用结构不尽合理,一些地区在城乡建设中仍采取以牺牲土地资源和农民利益为代价的掠夺式发展路线,耕地被盲目大量占用,土地退化和破坏加重,土地供需矛盾日益尖锐。可以说伴随着我国的快速城镇化和工业化,人地矛盾不断加剧,土地资源供给的稀缺性与其社会需求增长性之间正呈失衡发展的态势(胡业翠等,2004)。在 21 世纪头二十年内,中国的人口高峰、工业化高峰和城镇化高峰将相继逼近,这会拉动工业、城镇、基础设施等建设用地需求持续增长,可以预见土地供需矛盾将会更加尖锐。如何在有限的土地上既要解决 13 亿人的"吃饭"问题,又要保证有充足的建设用地,这就要求在推进城镇化、工业化时应做到合理规划、统筹兼顾,使经济发展与资源环境相协调。此外,水资源也成为一个严重问题,特别是城市供水日益紧张,全国有 300 多座城市缺水,其中严重缺水的有 110 多座,出现了严重的城市"水荒"(王颖晖和郭福全,2009)。

3) 国家"十一五"规划关于区域主体功能区规划研究课题的提出

一方面是快速的城镇化和工业化,另一方面是严峻的资源环境问题,这构成了我国经济社会发展中的一个基本矛盾,简言之即是开发与保护的矛盾。该矛盾突出地表现为当前混乱的区域空间开发秩序(陈德铭,2007),这既严重影响了区域的可持续发展,也有悖于科学发展观的实施。产生这个矛盾的原因是多方面的,其中缺乏对空间开发的空间管治规划是一个重要原因。我国政府高度意识到解决这个矛盾的重要性和紧迫性,并将其提升到国家发展规划中去。党的十六届三中全会正式确立"科学发展观"的内涵——以人为本、全面协调的可持续发展。十六届五中全会正式提出"建设资源节约型、环境友好型社会"。而《中华人民共和国国民经济和社会发展第十一个五年规划纲要》则明确提出以科学发展观统筹经济社会发展的全局,要推进形成区域主体功能区,促使经济发展与人口、资源、环境相协调,把经济社会发展切实转入全面协调可持续发展的轨道中去。

在"十一五"规划纲要中,推进形成区域主体功能区是一个亮点和创新。区域主体功能区规划即是要根据区域的资源环境承载能力、现有开发密度和发展潜力,将国土空间划分为优化开发、重点开发、限制开发和禁止开发四类主体功能区,按照主体功能赋予不同区域不同的分工定位,实施不同的发展战略、思路和模式,由此规范区域空间开发秩序,形成合理的区域空间开发结构。区域主体功能区规划是科学发展观在区域国土空间开发建设上的落实和贯彻,是现阶段根据我国资源环境禀赋和承载能力作出的必然选择,是在国土空间开发和管理方面的一项重大创新。

发展是硬道理,但以牺牲环境的唯GDP、唯增长速度的"硬发展"没有道理。为了实现可持续发展,必须从制度层面上构建针对空间开发建设的约束引导机制,形成有利于加快空间开发建设方式转变的制度安排,让唯GDP、唯增长速度的"硬发展"方式退出舞台,从而实现开发与保护的协调统一。区域主体功能区规划就是这样的一个制度安排和空间规划,其目的就是以可持续发展理论来指导区域的空间开发,科学合理地进行国土开发和利用,使不同的功能区在区域发展和布局中承担不同的分工定位,并配套实施差别化的区域政策和绩效考核标准,由此体现出"主体功能区"的战略思路。编制和实施区域主体功能区规划,通过空间主体功能的划分来稳步推进中国的城镇化和工业化,从而实现经济社会系统与自然生态系统的和谐统一和良性循环的可持续发展。所以区域主体功能区规划研究已成为我国当前急待攻关的热点课题之一。

我国经济经过改革开放后30多年的持续高速增长,已经进入了一个新的发展时期。新的发展时期面临着新的挑战、新的任务与新的机遇,它需要新的智慧和新的发展对策。因此用区域主体功能区来指导区域空间开发,将可持续发展的理念和思想贯穿于空间开发的全过程,对于我国经济社会在新时期继续健康、持续发展有着极其重要的意义。

1.2.2 研究意义

区域主体功能区规划是一项全新的规划工作,对其理论、方法的研究正在蓬勃开展。但也应看到目前学术界在主体功能区规划技术方法上并没有取得较一致的认识,对于如何进行科学合理的规划还处于探索研究阶段,而把先进的规划支持系统技术应用在区域主体功能区规划中更是极其欠缺。基于此,进行区域主体功能区规划支持系统研究具有重要的理论和实践意义。

1) 理论意义

区域主体功能区规划是对传统区域规划理论和实践的一次创新,对其研究有利于在新的时代背景下提高对区域发展规律的认识水平,加深对区域自然、经济、社会这个复杂统一体的理解,从而能够丰富区域规划的研究内容,完善区域规划的理论和实践体系,进而改进和优化区域规划的决策技术和方法。

2) 实践意义

通过研究区域主体功能区规划支持系统,以建立区域主体功能区规划决策模型、决策方法为支撑,开发出一套高效灵活、具有通用性和可操作性的区域主体功能区规划支持系统,实现区域主体功能区规划的决策支持和决策可视化,使规划结果更具科学性和合理性,由此在区域主体功能区规划决策支持技术方法上有所突破。这可以有效改变目前传统的规划决策支持方式,在规划的各个阶段能够为规划者提供一个科学决策的技术平台,从而为区域主体功能区规划的广泛和深入开展、为政府进行区域空间开发和管理提供重要的决策依据和技术支持。

1.3 国内外相关研究进展

区域主体功能区规划是我国的一项创新,是一种拥有全新内涵和形式的区域规划。因此,本节将从国内外区域规划研究、我国区域主体功能区规划研究、区域主体功能区规划支持系统研究三个方面对相关研究进行综述,从而为区域主体功能区规划支持系统开发和设计中的技术实现途径选取、应用方法选择等提供依据与参考。

1.3.1 区域规划研究

1) 国外区域规划研究

区域主体功能区规划是我国的创新,在国外并没有完全一致的研究成果和案例。但是,区域主体功能区规划是涉及区域经济、社会、自然等因素的复杂系统工程,也属于区域规划的范畴,其目的在于通过规范空间开发秩序以形成合理有序的空间开发结构、实施差异化的区域政策以促进区域协调发展。这与国外发达国家的区域(空间)规划指导思想具有一定的相似性。因此,从国外相关区域规划研究中可以得到一些有益的启示和借鉴。

国外许多发达国家和地区从 20 世纪初期就陆续开展了区域规划,但规模较大的区域规划产生于第二次世界大战之后。基于重建城市和发展经济的需要,以城市为核心的区域规划在战后进入旺盛时期。20 世纪 60 年代以来,由于工业迅速发展和城市化进程加快,人口、资源、环境和区域发展不平衡等问题日益突出,许多国家比以往更加重视区域规划,区域规划进入了一个全新的发展阶段。70 年代至 80 年代末期,随着可持续发展理念的提出,区域规划的内容、范围、理论研究、方法技术等方面发生了巨大变化,规划中的社会因素和生态因素越来越受到重视,生态最佳化成为区域规划的新方向。从 80 年代末开始,很多发达国家的规划理论和实践更加重视空间发展的整体性和协调性,因此首先在欧洲大陆国家这种具有整合和协调空间发展功能的规划体系被称为空间规划,后来成为欧洲国家乃至很多发达国家对不同地域层次规划体系的统称,空间规划成为实现区域可持续发展必不可少的公共管理工具。进入 21 世纪后,超国家的空间规划成为欧洲大陆的一个总趋势,有代表意义的一个是比利时、荷兰、卢森堡三国经济联盟的战略规划;另一个是欧盟发布的"欧洲空间发展前景"(European Spatial Development Perspective,ESDP),其以"迈向欧洲空间一体化"为规划目标,以促进欧盟各成员国通过谈判和协商机制而采取协调一致的行动,从而推动欧洲的平衡发展以及区域的可持续发展。另一方面,区域规划理论研究也得到广泛发展,区位论、中心地理论、增长极理论等在很多国家得到应用和推广,区域规划的深度和应用价值大大加强。综合来看,比较有代表性的国外区域规划有德国、美国、欧盟、日本和巴西的区域规划。

德国是比较早进行区域规划的国家，1923年德国编制了鲁尔工业区的区域总体规划，1935年成立了"帝国居住和区域规划工作部"，负责全国国土整治、规划和交通建设等工作。1945年至1965年，德国各州、县都着手编制了区域规划，并按照行政级别的不同构建了"联邦德国国土整治纲要—国土规划—空间利用规划—区域规划"的完整规划体系。

20世纪20年代，美国筹划田纳西河流域规划，编制了规划文件，开始对流域进行综合开发和整治，这个规划成为世界区域规划和国土整治的成功范例之一。60年代以后，美国又开始进行落后地区的规划制定，颁布了一系列法规，成立相应机构，帮助落后地区进行规划和开发，以促进落后地区的发展。美国自70年代以来，联邦经济分析局专门负责标准区域的划分、统计以及调整工作。美国的标准区域分为区域经济地区组合、经济地区与成分经济地区三个层次，标准区域划分依托行政区划体系，但又不同于行政区划体系，具有一定的合理性和灵活性。

欧盟标准地区统计单元目录（NUTS）是由欧洲统计局建立的，目的是为欧盟提供统一的地域单元划分，可用于欧盟区域统计资料的收集与协调和区域社会经济分析，并帮助确定区域政策的实施方位。NUTS的划分以目前成员国习惯使用的行政区划分为基础，各国划分区域可以采用不同的标准。NUTS划分实行三级分类，每个成员国划分为多个NUTS1区域，每个NUTS1区域又划分为多个NUTS2区域，依此类推。2003年，最新的NUTS目录生效，将欧盟分为72个NUTS1区域、213个NUTS2区域、1091个NUTS3区域。

日本的区域规划开始于20世纪50年代。日本有全国性的综合开发计划，都、道、府县有土地利用计划，其中全国性的综合开发计划及其成效为世界瞩目。1962年通过的第一次全国性综合开发计划，简称"一全综"，将全国分成"过密地区"、"整治地区"和"开发地区"三种类型地区，对"过密地区"政策实施的重点是限制新企业和城市规模的扩充，对迁出的企业给予优惠；对"整治地区"进行大规模工业开发和配置，使其起到分散过密地区人口和转移过密地区生产机能的作用；对"开发地区"重点进行基础设施的完善化，以利于诱导工业的大开发。日本1998年制订的《全国综合开发计划》（简称"五全综"）的开发方式为"参与和协作"，即呼吁政府、居民、志愿者组织和企业踊跃参加区域建设，地方政府和国家协调合作予以支持。"五全综"侧重点在软件方面，主要是有效地利用现有社会资本,保护自然环境。

巴西的规划类型区与我国的主体功能区有一定的相似之处。为实现宏观调控目标,巴西将全国划为五个基本规划类型区:疏散发展地区,这类地区需要控制城市进一步增长;控制膨胀地区,这类地区的城市化过程正生气勃勃,具有良好的社会经济结构,要防止过分聚集和膨胀;积极发展地区,这类地区通常人口稠密,但经济基础薄弱,要对该地区开发给予指导;待开发区,即后备开发区;生态保护区,这类地区要在保护自然资源和控制生态平衡的条件下进行合适的生产性利用。

2) 国内区域规划研究

新中国成立以来,我国相继开展了一系列区域规划的研究和实践,在区划的理论和方法上积累了大量经验。与区域主体功能区规划相似的有综合自然区划、经济区划、国土整治区划和生态功能区划。

综合自然区划主要有罗开富方案(1954)、黄秉维方案(1958)和赵松乔方案(1983)。罗开富方案以自然综合体或景观作为区划对象,用植物与土壤作为景观的标志即区划标志,以气候界线或地形界线加以补充。该方案把全国分为7个基本区,23个副区。黄秉维方案运用地带性规律,首次在全国划分出6个热量带,1个大区,18个地区和亚地区,28个地带,88个自然省,并拟进一步划分自然州和自然县,堪称我国自然区划史上规模空前宏大、等级单位最完备和内容最丰富的方案。赵松乔方案把三大自然区(东部季风区、西北干旱区和青藏高原区)作为一级区推出,自然区之下又分出7个自然地区和33个自然区。

经济区划就是按照客观存在的不同水平、各具特色的地域经济体系或地域生产综合体划分经济区,并从客观和战略的角度协调各经济区之间的合理分工并促进各经济区内部形成合理的经济结构。经济区划既揭示各地区社会经济发展的有利条件和限制因素,也在一定程度上反映各地区人地之间的协调关系,目的是认识和利用不同地域空间的经济功能。20世纪50年代,中国经济区划以沿海地区、少数民族地区和内地三个大区为主体进行经济功能区域划分。"七五"期间确定了中国东、中、西三大地带、七个协作区的宏观经济功能区域格局。该划分方案大体反映了中国宏观区域经济的发展条件、发展水平和对外开放程度由东向西逐步递减的基本态势。90年代以来,伴随着社会主义市场经济的高速发展与产业转型,中国农业经济区划(郭焕成,1999)、林业区划、水利区划、"点-轴"理论指导下的中国经济区划(陆大道,2003)等经济功能区划研究取得了很大进步,区划结果对我国经济社会的全面发展起到了重要的促进作用。

为了针对不同区域的资源环境综合问题和特点,制定和落实不同的国土整治措施,我国在20世纪80年代初期还重点进行了国土整治区划工作,不再以形成全国系统为目标,转而针对每个省区的资源、人口与发展规划问题。国土整治区实质上是一种规划行动管理区,国土整治区划是国土开发、利用、治理、保护的综合分区。国土整治区划的任务是要为国土整治总体规划提供科学依据并编制区域规划总图,在区域调查的基础上拟定自然资源开发利用方案,拟定发展区域生产力的总体方案。划分的国土整治区必须具有下列特征:自然条件和自然资源结构的相对一致性;社会经济条件的相似性和联系的密切性;开发、利用、治理和改造途径的相似性;地域完整性,因为国土整治分区具有管理区性质,因此必须充分考虑行政区划作为分区的基础。

生态功能区划就是根据区域生态环境要素、生态环境敏感性与生态服务功能空间分异规律,将区域划分成不同生态功能区的过程。其目的是为编制区域生态环境保护与建设规划、维护区域生态安全、合理利用资源能源以及工农业生产布局提供科学依据,并为环境管理和决策部门提供管理信息与手段。生态功能区划应遵循可持续发展原则,区域相关原则,相似性原则等,一般采用定性分区和定量分区相结合的方法进行分区划界。生态功能区划是特征区划和功能区划的集合,不仅需要体现自然生态系统的地域差异,还需要体现人工生态系统的突出地位。20世纪90年代以来,生态功能区划已从自然生态区划向突出人类活动对生态干扰程度的"复合"生态区划方向发展。其代表是傅伯杰等(2001)提出的生态分区方案,该方案重点考虑了生态条件对自然区域划分的影响,也考虑了人类活动对生态系统的干扰,将我国划分为3个生态大区、13个生态地区和57个生态区。

1.3.2 区域主体功能区规划研究

作为一种全新的区域规划形式,在2006年国内才兴起区域主体功能区规划研究的热潮。区域主体功能区规划研究时间较短,已有的研究成果从理论和实践两个方面进行了有益的探索并取得积极进展。本节分析了区域主体功能区规划的一些基本问题,如规划原则、方法、尺度、体系等,从而对已有的区域主体功能区规划研究加以梳理、归纳和阐释。

1) 区域主体功能区规划的由来

2003年1月,在委托中国工程院研究的课题中,国家发展改革委员会首次提出增强规划的空间指导、确定主体功能的思路,四大主体功能区的概念开始形成。而"主体功能区"一词是在2005年10月中共十六届五中全会通过的《中共中央关于制定国民经济和社会发展十一五规划纲要的意见》中提出的,即"各地区要根据资源环境承载能力和发展潜力,按照优化开发、重点开发、限制开发和禁止开发的不同要求,逐步形成各具特色的区域发展格局"。《中华人民共和国国民经济和社会发展第十一个五年规划纲要》则正式提出了推进形成区域主体功能区的战略任务。

在"十一五"规划纲要正式颁布之后,国务院和各级地方政府非常重视区域主体功能区规划编制工作。首先,国务院办公厅下发了《关于开展全国主体功能区划规划编制工作的通知》(国办发〔2006〕85号),明确全国主体功能区规划分为国家和省级两个层次。紧接着国家发展改革委办公厅下发了《关于开展省级层面主体功能区划基础研究工作的通知》(发改办规划〔2006〕2361号),明确了浙江、江苏、辽宁、河南、湖北、重庆、新疆和云南8省市(区)为主体功能区规划的先行试点省份。这8个试点省市(区)人民政府办公厅也都下发了开展主体功能区规划编制工作的通知,进行了省(区)级主体功能区规划的基础研究,对主体功能区规划的技术方法等一系列问题进行了探索。同期,中国科学院地理所、遥感所和清华大学等科研单位受国家发展改革委委托承担了国家主体功能区规划等研究任务。2006年中央经济工作会议又把"分层次推进主体功能区规划工作"作为2007年的主要工作之一。2007年2月,在中共中央政治局第39次集体学习时,胡锦涛总书记明确指出"推进形成主体功能区是当前和今后一个时期需要重点抓好的四项工作之一",这四项工作分别是:统筹城乡区域发展,加快形成主体功能区,健全区域协调互动机制,完善分类管理的区域政策。2007年3月,国务院在《2006年国民经济和社会发展计划执行情况与2007年国民经济和社会发展计划草案》中要求"要分层次开展主体功能区规划的编制工作,编制完成国家主体功能区规划,扎实推进省级主体功能区规划的编制"。2007年5月国家发展改革委组织召开了全国主体功能区规划编制工作座谈会,对全国主体功能区规划工作进行了部署。2007年7月,国务院下发了《关于编制全国主体功能区规划的意见》(国发〔2007〕21号),9月召开了全国主体功能区规划编制工作电视电话会议,曾培炎副总理对该项工作进行了全面部署。2007年10月份召开的"十七大"再次对推进形成区域主体功能区作出重要论述。2008年3月,温家宝总理在政府工作报告中指出要制定和实施区域主体功能区规划。至此,区域主体功能区规划作为一项全新的区域空间规划,在国家政策层面上得到确认和推动。

2) 区域主体功能区规划理论研究

四川大学邓玲教授于2005年12月11日在《四川日报》上发表了题名为《加快主体功能区建设是促进四川区域协调发展的重要战略举措》的文章,这是我国第一篇直接以"主体功能区"为题的学术论文。目前关于主体功能区的理论研究内容主要集中在规划内涵、规划原则、规划层级和单元、规划指标体系、规划方法和步骤等五个方面。

(1) 规划内涵

区域主体功能区规划是战略性、基础性、约束性的规划,是国民经济和社会发展总体规划、人口规划、区域规划、城市规划、土地利用规划、环境保护规划、生态建设规划、流域综合规划、水资源综合规划等在空间开发和布局上的基本依据。所谓主体功能区是指根据不同区域的资源环境承载能力、开发密度和发展潜力,按区域分工和协调发展的原则划定的具有某种主体功能的规划区域,包括优化开发区、重点开发区、限制开发区和禁止开发区。它的作用主要是解决人与自然的和谐发展问题,并可作为国家区域调控的地域单元。主体功能区是由主体功能区规划得来的。总体来说,主体功能区规划把区域分成两大类,一类是开发类,一类是保护类。通过综合评价,如果一些区域适合未来人口和工业大规模集聚,那它就是开发区域,不适合人口和工业大规模集聚的区域就是保护区域。

开发主要是指大规模城镇化和工业化的人类活动(高国力,2007)。开发区域又分为两类,一类是发展集聚到很大程度,国土开发密度已经较高,资源环境承载力开始减弱同时适合参与未来更大国际竞争的区域,叫做优化开发区。优化开发区在加快经济社会发展的同时,更加注重功能结构的升级以及经济增长的方式、质量和效益,提升参与全球分工与竞争的层次,继续成为带动全国经济社会发展的龙头和我国参与经济全球化的主体区域。另一类是重点开发区,是指资源环境承载能力较强、经济和人口集聚条件较好的区域。重点开发区要充实基础设施,加快工业化和城镇化,承接优化开发区的产业转移,承接限制开发区和禁止开发区的人口转移,逐步成为支撑全国经济发展和人口集聚的重要载体。与优化开发区相比,重点开发区的经济增长可以粗放一点,但发展模式也必须转变,同时重点开发并不是所有方面都要重点开发,而是指重点进行那些维护区域主体功能的开发活动。

保护区域也分为两类。一类是限制开发区,是指资源环境承载能力较弱、大规模集聚经济和人口条件不够好并关系到全国或较大区域范围生态安全的区域。要坚持保护优先、适度开发,要对开发的内容、方式和强度进行约束,因地制宜地发展资源环境可承载的特色产业,加强生态修复和环境保护,引导超载人口有序转移,逐步成为全国或区域性的重要生态功能区。另一类是禁止开发区,主要是指依法设立的各类自然保护区。要按照法律法规和相关规划的规定与要求实行强制性保护,控制人为因素对自然生态的干扰,严禁不符合主体功能定位的开发活动,但这并不是禁止所有的开发活动,而是指禁止那些与区域主体功能定位不符合的开发活动。

有了这样的主体功能区划分,不同的区域有不同的发展功能定位和不同的考核指标体系,从而在国土空间上形成一个合理的开发格局(樊杰,2007)。简言之,主体功能区的具体应用价值包括(王贵明和匡耀求,2008):协调区域经济发展,加强区域分工协作;加强生产要素的跨区域流动,促进人口、产业布局、资源分布和经济活动的错位发展;加强生态脆弱地区的环境保护,转变经济发展模式,促进产业活动与生态系统的良性循环与协调发展,最终促进区域的可持续发展。

(2) 规划原则

根据"十一五"规划纲要对主体功能区的相关表述、《国务院办公厅关于开展全国主体功能区划规划编制工作的通知》以及《国务院关于编制全国主体功能区规划的意见》精神,区域主体功能区规划原则可总结如下:

① 优化空间开发结构,实现集约和协调开发。要按照生活、生态、生产的顺序调整空间开发结构,坚持集约开发,要按照人口、经济、资源环境相协调的要求进行开发,增强可持续发展的能力。

② 以人为本和保护自然。规划的出发点在于缩小区域差距,以人为本是一个基本原则。同时城镇化和工业化要以保护好自然生态为前提,以资源环境容量为基础,要在资源环境承载力的范围内进行开发。

③ 有限开发和陆海统筹。要严格控制全国建设用地总规模,确保

18亿亩耕地红线不被突破。同时要充分考虑海域资源环境承载能力，合理划分海岸线功能，做到陆地开发和海洋开发相协调。

④ 科学性和可行性相结合。区域主体功能区规划要建立在科学严谨的决策基础之上，要体现出区域空间单元的相似性和差异性，要体现出客观、理性和科学性。这就要求在规划时应充分运用现代科学技术，如科学决策方法和遥感、地理信息系统等现代空间信息技术，从而最大限度地提高规划的真实性和准确性，为制定区域发展战略和政策提供强有力的科学决策依据。此外，区域主体功能区规划作为一项应用性和政策性很强的工作，规划时还要充分考虑可行性和可操作性的原则。在规划单元、标准、指标选择上必须结合我国的行政区划、管理体制等现状情况，以有利于相关政策措施的实施，提高规划的可行性和可操作性。

⑤ 动态调整。规划要在一定时期内保持及时的更新和调整，以适应国土空间开发格局的最新要求。主体功能区并不是一成不变的，随着国土空间开发格局的不断变化，四类功能区的资源环境承载力、开发密度、发展潜力都会发生改变，这种变化积累到一定程度时就会由量变到质变，其主体功能类型就可能发生变化。因此，应树立动态调整的原则，建立相应的评估体系，实时对区域空间开发状态进行监测和考核，从而实现对区域主体功能区规划的动态调整。

(3) 规划层级和单元

我国目前是五级政府行政管理体制，即中央、省、市、县、乡镇五级政府。从现实情况看，五级政府拥有的权限、职能、手段各不相同，特别是省级以下政府在管辖范围、行政权限、政策制定等方面的职权非常有限，其制定和实施主体功能区规划及其分类政策的成效难以保证（高国力，2007）。因此，根据国家分层次推进主体功能区规划工作的要求，全国主体功能区由国家主体功能区和省级主体功能区组成，分国家和省级两个层次编制规划。

国家主体功能区规划，主要是解决国土空间开发的全局性问题，确定国家层面上的优化开发、重点开发、限制开发和禁止开发区域的范围、功能定位、发展方向、目标，以及政策、法律法规、绩效考核等方面的保障措施。国家主体功能区不覆盖全部国土，而是把最重要、最突出的区域纳入主体功能区规划体系，形成非连续的"点、线、面"状的空间格局（李宪坡和袁开国，2007）。

省级主体功能区规划,一方面要根据国家主体功能区规划,将本行政区范围内的国家主体功能区确定为相同类型的区域,保证数量、位置和范围的一致性;另一方面对本行政区国家主体功能区以外的国土空间,根据国家确定的原则,结合本地区实际,确定为省级主体功能区。市县两级行政区空间尺度较小,空间开发和管理的问题更具体,不必再划定主体功能区。主要任务是落实国家和省级主体功能区规划对本市县确定的主体功能定位,明确各功能区的空间"红线"和发展方向,管制开发强度,规范开发秩序等。

规划单元即主体功能区规划的基本空间单元,基本空间单元过大或过小都将直接影响到规划的成效。从我国目前的行政管理体制特点、规划基础数据收集等因素综合来看,选择县级单位作为主体功能区规划的基本空间单元是切实可行的(宏观经济研究院国土地区所课题组,2006;王新涛和王建军,2007)。县级单位长期以来具有相对稳定性和连续性,县域单元的数量、国土面积、经济实力和管理手段都比较适中,以县级行政区作为基本规划单元进行全覆盖划分,可以使主体功能区规划具有更好的可操作性而不流于形式(邓玲和杜黎明,2006)。

我国长期以来形成的行政分割在短时间内难以消除,主体功能区规划在很大程度上要依靠现有行政区划。但是主体功能区规划从理论上不应局限于行政区内,可以适度突破行政区。在一些局部区域,特别是重要交通线、联系紧密的产业区域等可以进行跨区域的主体功能区规划,从而保证区域的整体协调发展(李振京等,2007)。

(4) 规划指标体系

指标体系是划分主体功能区的依据,指标确定的适宜性是规划成功的关键。如何进行主体功能区规划?划分的依据和标准是什么?是全国统一指标体系还是各区域自定标准?目前学术界仍存在着较大的争议,尚无统一定论,争论的焦点是四大主体功能区划分的标准。因此,制定一套科学、完善的指标体系将成为主体功能区规划的重要内容,也是主体功能区规划成功的关键所在(赵永江等,2007)。国家给出的主体功能区规划依据是从资源环境承载力、现有开发密度、发展潜力三个一级层面考虑,并初步确定二级指标体系,但各项中三级指标的数量、主要内容则由试点省市自行考虑。从八个试点省市(区)的实践来看,目前常用的做法是把国家原则"资源环境承载力、现有开发密度和发展潜力"作为三大一级指标,然后根据各省市(区)的地域特点建立二级和三级指标体系。国家发改委宏观经济研究院国土地区所课题组建议:中央和省级政府分别制定两级主体功能区划分标准。国家层面上应统一标准(表1-0),不管是东部沿海发达地区,还是中西部欠发达地区,均应依照国家统一标准,不能随便制定倾斜性或者照顾性标准,同时各省市(区)可以根据自身特点建立自己的规划指标体系(宏观经济研究院国土地区所课题组,2006)。中国科学院主体功能区规划研究课题组则提出了全国划分主体功能区的综合指标体系,共15项,分别为:建设用地、可利用水资源、环境容量、生态敏感性、生态重要性、自然灾害、人口密度、土地开发强度、人均GDP及其增长率、交通可达性、城镇化水平、人口流动、工业化水平或产业结构、创新能力、战略选择或区位重要度。其中每一个指标下面还有若干二级指标,二级指标下面还有三级指标。

表1-0 国家主体功能区规划指标体系

一级指标	二级指标
资源环境承载力	水、土地等资源的丰裕程度,水和大气等的环境容量,水土流失和沙漠化等生态敏感性,生物多样性和水源涵养等生态重要性,地质、地震、气候、风暴潮等自然灾害频发程度等
现有开发密度	工业化、城镇化的程度,包括土地资源、水资源开发强度等
发展潜力	经济社会发展基础、科技教育水平、区位条件、历史和民族等地缘因素,以及国家和地区的战略取向等

而发改委推出的《省级主体功能区域划分技术规程(草案)》中确定的省级主体功能区划分指标体系包括三大类、10个指标项。10项指标主要包括:土地资源、可利用水资源、环境容量、生态系统脆弱性、生态重要性、自然灾害危险性、人口集聚度、经济发展水平、交通可达性、战略选择。整个指标体系包含了经济社会、自然资源和环境等方面复杂的空间和属性数据,前9个指标可以定量计算,战略选择指标则采用定性分析法。

此外,在构建指标体系时要简明实用,既要注重科学准确性,又要注重可获得性和可应用性,力求避免指标数量过多,层次过繁。因为过多的指标必然会带来相互间的信息交叉而导致准确性下降。我国主体功能区规划指标体系应重点突出资源和环境方面的关键指标,如人均耕地资源量、人均水资源量、单位国土面积GDP、单位国土面积人口数量等指标,以充分体现资源环境对经济社会发展的约束作用。

（5）规划方法和步骤

当前对区域主体功能区规划技术方法的研究总体上看还比较少，研究者从不同角度出发提出了不同的规划方法。关于规划方法的选择，较为统一的认识是要把定量分析与定性分析相结合，单纯的定性或定量方法都无法完成区域主体功能区规划。具体的在规划指标标准化、指标权重赋值、指标综合、开发类和保护类的阈值确定等方面则存在很多方法上的差异。在指标标准化上，有极差标准化、标准差标准化等；在权重赋值上，常用的方法有主观赋权法如排序法、层次分析法、德尔菲法等，客观赋权法如主成分分析法、熵值法等；在指标综合上，用得比较多的是线性加权求和法，当然也有用主成分分析法、因子分析法、聚类分析法、模糊综合评价法等；而在开发类和保护类的阈值确定这一最关键的技术点上，尚没有一个有效的方法。目前的做法是根据指标综合后的结果进行主观定性分析，以确定开发和保护的分界点。由于是人为确定，规划结果的可接受性、科学性也因此受到一定的影响。

根据《国务院关于编制全国主体功能区规划的意见》，区域主体功能区规划的步骤为：

一是确定评价指标，即确定规划指标体系。

二是评价国土空间，根据各项指标的数值，利用空间分析技术，对国土空间进行综合分析和评价。

三是划定主体功能区，确定各类主体功能区的数量以及每个主体功能区的位置、范围等。

四是确定功能定位，确定每个主体功能区的功能定位、发展方向、目标以及开发原则和开发时序。

五是明确政策措施，根据不同主体功能区的定位，制定差别化的区域政策，包括财政政策、投资政策、产业政策、土地政策、人口政策、环保政策、绩效评价和政绩考核政策等。

前三步是主体功能区规划技术方法的核心所在。目前，国家统一的规划技术方法仍没有正式公布，学术界、各地区都在积极研究并付诸实践。作为一种探索和尝试，构建一套科学、高效的区域主体功能区规划决策技术方法也是本书的研究重点所在。

3）区域主体功能区规划实践

目前，区域主体功能区规划实践主要包括省、直辖市的规划实践，如四川、湖北、山东、上海等省市的主体功能区规划，此外还有市、县域尺度的主体功能区规划实践。下面是已有的典型规划实践。

刘传明等(2007)在湖北省主体功能区规划中以县为基本分析单元,遵循"复杂性系统工程—简单化假设处理—合理化分析识别"的总体思路,采用综合集成的规划方法,包括修正的熵值法和主成分分析法、系统聚类法、矩阵判断、叠加分析和缓冲分析等。规划成果打破了四种主体功能区类型的概念,将湖北划分为六类主体功能区:优化开发区,Ⅰ类重点开发区(省级重点开发区),Ⅱ类重点开发区(市县级重点开发区)、Ⅰ类限制开发区域(短期限制开发区)、Ⅱ类限制开发区域(长期限制开发区)和禁止开发区。

陈云琳等(2007)以四川省181个县级行政区为基本单位,确定了四川省主体功能区划的4个子系统、7个指标:经济子系统(人均工业总产值、人均GDP、农民人均纯收入)、国土开发密度子系统(地均GDP)、人口子系统(人口密度、城市化率)、资源环境子系统(人均土地面积),然后根据变异系数对各子系统赋权重,运用统计综合评价法进行聚类,得到了四川省域的主体功能区规划结果。

张广海等(2007)在山东省的主体功能区规划中,建立了由资源环境承载力、开发密度和发展潜力等因素构成的指标体系,运用状态空间法以山东17个地市为基本空间单元,划定了山东省的四类主体功能区。

曹有挥、陈雯等(2007)对安徽沿江地区进行了主体功能区划分,以沿江41个县市为基本评价单元,以GIS技术为支撑,采用经济社会开发支撑和自然生态约束的趋同性动态聚类和互斥性矩阵分类相结合的梯阶推进的分区方法,划分出安徽沿江地区的四类主体功能区。其规划的技术路线是,首先对整体区域进行自然条件约束分区和经济开发支撑分区,然后以自然生态约束从低到高为行,经济开发支撑从高到低为列,制作联表,把各基本评价单元按其所处自然生态约束级别和经济开发支撑级别输入其中,划分出安徽沿江主体功能区。

顾朝林等(2007)在对盐城进行空间开发规划中将盐城划分为四类主体功能区,主要采用综合区划的原理和方法。首先采用传统的综合经济区划方法,确定综合经济分区。其次,将自然生态因子与社会经济因子相结合,运用景观生态学方法进行控制开发区的划分,主要包括限制开发区和禁止开发区两种类型。再次,根据资源环境承载力、现有开发密度和强度以及未来发展潜力三方面的一系列指标,以乡镇为基本单位采用多因子分析方法进行开发潜力区划,确定划分优化开发区和重点开发区。最后将以上两次划分的结果运用地图叠置法和地理要素综合法，得到最终的主体功能区规划结果。

朱传耿等(2007)在江苏省新沂市的主体功能区规划中，首先进行生态敏感性等级分区与经济社会发展综合潜力等级分区，然后进行空间叠置与地域聚类分析而实现主体功能区的划分。王瑞君等(2007)则探讨了生态功能区划和主体功能区划的内涵和相互关系，并进行了县级尺度的主体功能区规划实践，利用"反规划"的方法和技术路线，完成了河北省平泉县的四类主体功能区规划。王敏等(2008)根据上海市地域特征，研究了该地区开展主体功能区规划的方法学问题，为解决划分结果与实际情况存在差异的矛盾，提出自下而上和自上而下相结合的划分技术路线，完成了上海市的主体功能区规划。此外，各地学者对新疆、辽宁、河南等省域的主体功能区也进行了初步的探索性规划。

1.3.3 区域主体功能区规划支持系统研究

规划支持系统 PSS 是目前国际上最为流行的一种计算机辅助规划系统，其以集成性、交互性、动态响应等特点而著称，它面向规划师并辅助其完成特定的规划任务，特别适合于各种专业规划编制中的决策支持。PSS 在国际上正处于研究的热点阶段，而国内的研究还非常少。目前，国内外对 PSS 比较一致的看法是：PSS 本身并不做出决策，也不直接推荐出最佳方案，只是在规划的各个阶段中提供决策支持，决策支持是 PSS 最核心的功能。PSS 的概念最早由 Harris (1989)提出，并在实践中逐渐得到明确与发展。PSS 融合了一系列基于计算机技术的信息分析模型和方法，包括 GIS 的地学处理、可视化、数据库和空间分析等。同时一个有效的 PSS 还应提供规划领域常用的其他方法，如经济、人口的分析预测、生态模型、土地使用模型等。根据侧重点不同，PSS 可以分为两类：侧重分析和建模的 PSS 与侧重可视化和协作的 PSS，且在三个应用层次上具有广泛的应用前景，包括：战略规划、土地利用规划和环境规划。在国外发达国家，PSS 具有决策支持系统的功能，提供多种工具、模型和方法，特别提供了一些规划行业的专门技术，用以解决半结构化的空间决策问题，如空间选址、设施定位、资源分配等规划问题。如加利福尼亚城市未来模型(California Urban Future Model, CUF)的研究对象是加利福尼亚的旧金山海湾地区，用以预测该地区人口和用地增长的模式、位置，为土地使用政策和相应规划提供一种分析、模拟手段，协助规划师、政府官员、市民比较不同土地使用政策的实施将会有什么效果(Landis,1995)。此外国外的 PSS 还有基于元胞自动机模型的土地使用规划支持系统 SLEUTH(Clarke, et al. ,1997),美国 Klosterman 教授和 ESRI 公司联合开发的可操作规划支持系统软件"WHAT IF?"(Klosterman,1999)等。

PSS 在我国的研究基本处于刚起步阶段,相关文献资料非常少,鲜见实质性的研究和应用。已有的研究主要有:杜宁睿等(2005)使用国外的 PSS 研究了城市总体规划布局问题。叶嘉安等(2006)首次在国内对 GIS 支持下的 PSS 进行了较完整的介绍,包括 PSS 依托的技术平台和相关模型、方法。钮心毅(2006)认为我国的城市规划实践需要有新方法、新技术的支持,PSS 在我国城市规划实践中将大有用武之地。龙瀛(2007)对国际上 PSS 所使用的主流技术、主流应用方法进行了系统介绍。总之,当前国内对 PSS 的研究均集中于城市规划领域,而且多属于使用国外现成的系统进行实验性的应用,尚未达到实用阶段。

由于区域主体功能区规划是最新提出的一种规划形式,其规划支持系统的研究少之又少,可以说 PSS 在区域主体功能区规划中的应用目前尚未出现。区域主体功能区规划是比城市具有更大尺度的规划,因此更需要先进的科学技术来支撑。从理论上来说,PSS 也适合于区域主体功能区规划,但是需进行相应的改进和优化,使之更适合区域这一更加复杂的巨系统。因此构建集成规划决策模型和决策方法的高效、实用的区域主体功能区规划支持系统将具有重要的理论和实践意义。

1.3.4 研究述评

综上可知,发达国家已经形成了各自的区域规划体系,我国相继开展的一系列区划也在区划理论和方法上积累了大量的经验。当前开展的区域主体功能区规划是新时代背景下中国区域规划的一次创新,是一项具有开拓性的工作。同时区域主体功能区规划也是一项科学性要求很高的复杂工作,需要有效的分析方法和技术作为支撑。国内外相关研究成果虽然能对区域主体功能区规划起到积极的促进作用,但在研究重点和深度上还需要进一步加强,从而适应区域主体功能区规划的要求。

就国外的区域规划相关研究来看,其研究主要是针对本国的规划实践。而由于各国的国情不同、具体问题不同,因此各国的研究可能仅适合于本国的特殊情况,是否适合于他国尚难以评论。但是仍可以从国外相关区域规划研究中吸取其精华为我所用：首先是世界发达国家尤其是国土面积较大的国家，大多通过划分标准区域为实施区域管理和制定区域政策提供依据，如美国的经济地区、欧盟的 NUTS 等都是比较有代表性和成效比较显著的标准区域划分模式。所以加快建立符合我国国情和区域实际的标准区域划分体系，健全和配套相应的政策和办法，可以为开展主体功能区规划提供重要的基础支撑。其次，跨区域的规划受到重视并逐渐推广。经济全球化使不同区域正紧密地成为一个整体，区域之间的协同发展日益重要，因此跨区域的规划正成为一个热点，如欧洲空间发展前景等。这可以为我国的跨区域主体功能区规划提供参考和借鉴。再次是规划新技术的广泛应用，包括 GIS 技术，遥感技术、生态技术、计算机技术等现代科学技术被充分应用于区域规划之中，极大地提高了其规划的精确性、科学性。我国的区域主体功能区规划研究可以从上述三个方面进行借鉴，以便更好地把国外的先进技术、方法和经验与我国的具体情况相结合。

就国内研究看，已有的各种区划取得了丰富的理论、方法与实践成果，为我国经济社会的发展起到了积极的指导和推动作用。在区域主体功能区规划研究上，一致的看法是：区域主体功能区规划的根本目的是实现区域的可持续发展，是战略层面上的一项重要部署和决策，责任重大，意义深远，将从空间开发的角度推进和实现区域的可持续发展。但是由于区域主体功能区规划是一个较新的概念，对于如何进行规划还处于探索阶段。从已有的规划研究和实践来看，都是在国家所确定的三项规划原则的框架下，再根据区域特点进行相应细化和调整，从而得到具体的规划指标体系进而得到规划结果。总体上，目前的研究尚处于从起步到深入的过渡阶段，虽取得了一定的成果，但与传统的区域规划相比，成果并不全面和系统，而且在一些关键问题上还存在较多的争议，如在规划指标体系上。这些问题虽有争议但都是能解决的，只是所用具体方法上的不同而已。事实上，争议的焦点是开发类和保护类的划分技术方法，即开发和保护的类型阈值确定上。就区域发展的个人利益来看，在政府管理绩效考核改革、相关补偿政策未能真正落实之前，划为优化开发或重点开发是其目标所在，也是地方政府最为关注的问题，因为谁也不愿意划为保护类的功能区。因此，开发和保护的类型阈值确定在区域主体功能区规划中既是一个棘手的问题，又是一个不得不面对并解决的核心与焦点问题。这既说明了区域主体功能区规划方法研究的不成熟，也反映了规划的复杂性,由此客观上要求在规划中尽可能采用先进的技术方法,从而尽量避免方法上的争议。

从区域主体功能区规划决策的技术方法看,已有的研究大都基于对各种统计属性数据的定性、定量分析而得到规划结果。以 GIS 技术为代表的基于空间数据的现代空间信息分析技术在区域主体功能区规划中的应用则不够深入,已有的应用中尚没有发挥出 GIS 在规划决策支持上的强大功能和作用。而作为现代国土空间分析评价的重要手段之一的遥感技术在区域主体功能区规划中的应用更为欠缺,尚没有看到有效的应用研究。此外,目前的规划实践都是以得到一套规划方案为主,从规划决策的角度看,单方案的规划模式不能提供备选方案,不能进行多方案的对比分析,其规划结果的科学性、可行性也将受到一定的影响,这不能满足区域主体功能区规划作为一项战略规划对现代科学决策技术的需求。

就区域主体功能区规划支持系统研究看,国外没有相关的研究,国内已有的规划支持系统研究则主要集中在城市规划领域,目前尚无针对区域主体功能区规划支持系统本身的研究,也没有看到符合区域主体功能区规划特点的规划支持系统。这说明目前区域主体功能区规划在规划支持系统应用研究上明显不足,因此,区域主体功能区规划支持系统仍需要在理论、方法上进行探索和研究。

综合考察分析国内外相关研究现状,尚有以下两个方面需要进一步深入探讨。

(1) 区域主体功能区规划决策模型和决策方法

科学合理而又简明有效的规划决策模型和决策方法是区域主体功能区规划的基础,是科学进行主体功能区规划决策的依据,同时规划决策模型和决策方法也是区域主体功能区规划支持系统开发设计的核心和首要部件,是系统发挥强大的规划决策支持功能的关键。

(2) 区域主体功能区规划支持系统构建

区域主体功能区规划相对于传统区域规划更为复杂,数据处理量更大、更繁琐,而结合了先进的规划决策支持技术(如 GIS 技术)和集成了规划决策模型、决策方法的区域主体功能区规划支持系统既能大大提高处理繁杂数据信息和解决问题的效率,又可以提高规划的科学性、精确性,使规划结果更符合区域发展的客观实际,从而可以更好地发挥规划对区域空间开发的指导作用。同时系统将能够有效解决目前区域主体功能区规划决策技术方法中的种种不足,为应用 GIS、遥感等现代空间信息分析技术,为进行基于多方案对比的规划决策分析提供一个科学的技术平台。鉴于目前把 PSS 应用到区域主体功能区规划中的研究仍是空白,因此有必要构建一个灵活、高效的区域主体功能区规划支持系统。

本书主要针对以上提出的尚未形成统一认识,或没有深入研究的问题进行分析论证,以期进一步补充和完善区域主体功能区规划决策理论和技术方法体系,从而构建一个完整高效的基于规划决策模型和决策方法的区域主体功能区规划支持系统。

1.4 研究内容、方法及技术路线

1.4.1 研究内容

1) 区域主体功能区规划决策模型和决策方法

在分析国家关于区域主体功能区规划原则要求的基础上,构建区域主体功能区规划决策模型,进而围绕规划决策模型,研发基于模型求解的一系列规划决策方法,目的在于解决区域主体功能区规划中开发类和保护类的阈值确定这一关键技术焦点与难点,由此实现四类主体功能区的科学规划。

2) 区域主体功能区规划支持系统开发与实现

在构建规划决策模型和决策方法的基础上,如何把规划决策模型、决策方法与 GIS 集成为一个高效的人机交互式的应用系统,由此为区域主体功能区规划提供一套完整可靠的空间分析工具和决策支持手段,实现对区域主体功能区规划的科学决策支持和规划决策过程的可视化,从而提高规划决策的效率和效果,增强规划的科学性、合理性构成了本研究的中心内容。

3) 区域主体功能区规划支持系统应用

应用所开发的系统进行典型区域——京津地区的主体功能区规划实践,包括系统运行全过程的操作,即从数据输入、数据预处理、各模块运行以及最后规划结果的生成,通过考察系统每一环节的运行情况,评价系统的实用性如何,还存在哪些问题,以便进一步完善。

简言之,研究按照"规划决策模型—规划决策方法—规划支持系统—规划支持系统应用"的总体思路展开(图 1-1),可概括为:一个中心即区域主体功能区规划支持系统研究;两条主线分别是规划决策模型研究和规划决策方法研究;一个应用即区域主体功能区规划支持系统在京津地区主体功能区规划中的实证应用研究。

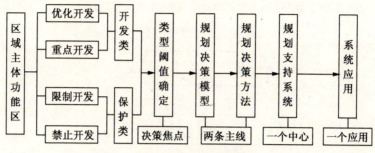

图 1-1 研究总体思路

1.4.2 研究方法

1) 系统分析法

区域主体功能区规划是一个复杂的系统工程,因此必须以系统论的观点来研究各子系统和整体结构。系统分析法是贯穿全文的一种基本研究方法,一方面体现为全文研究内容的相对系统性、全面性、层次性以及各研究内容之间的有机关联性。另一方面在规划支持系统开发研究上采用系统的软件工程方法,全面探讨区域主体功能区规划支持系统的开发和实现。

2) 定量与定性相结合的方法

规划研究难以定量化一直是困扰规划学术研究严谨性的一大难题,本书中的区域主体功能区规划研究为采用定量和定性相结合的方法提供了切入点。其中定量方法集中于规划决策的技术方法上,主要包括GIS的空间分析法、数据包络分析法计算空间开发效率,层次分析法和基于遗传算法的投影寻踪方法计算指标权重等。在定量分析计算的基础上,结合定性分析以确定最终的规划决策方案。

3) 理论与应用相结合的方法

理论只有结合实践应用,才有生命力。区域主体功能区规划是一个极具实践性的研究领域,因此必须进行实证研究。本书选择环渤海经济圈的核心地区、中国三大都市区之一的京津地区为案例区域进行实证分析,以检验集成了规划决策模型、决策方法的区域主体功能区规划支持系统的科学性、准确性和易用性。

1.4.3 技术路线

具体的研究技术路线见图 1-2。

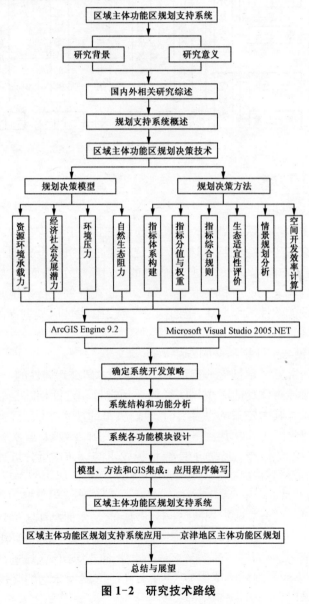

图 1-2 研究技术路线

2 规划支持系统概述

区域主体功能区规划支持系统(RMFA-PSS)是规划支持系统(PSS)技术在区域主体功能区规划这一专业规划领域中的具体应用。那么,何为规划支持系统?其与我们早已熟知的决策支持系统(Decision Support System,DSS)和地理信息系统(GIS)有何联系和区别?本章将从 DSS、GIS、PSS 的概念、主要特点、结构体系、区别和联系等方面作一概要性的分析和介绍,为开发 RMFA-PSS 奠定相关理论和技术基础。

2.1 决策与决策支持系统

规划支持系统是在决策支持系统(DSS)和地理信息系统(GIS)的基础上发展起来的,其发展和演变与 DSS 和 GIS 技术的不断进步密不可分。因此首先对 DSS 和 GIS 技术的发展作一简要介绍。

2.1.1 决策的概念和类型

决策(Decision)是人们在政治、经济、技术和生活中普遍存在的一种行为。决策是为了实现特定的目标,根据客观的可能性,在占有一定信息和经验的基础上,借助一定的工具、技术和方法,对影响目标实现的众多因素进行分析、计算、判断和选择后,对未来行动作出的决定,是在所有替代方案中选出相对最佳方案的过程(李志刚,2005)。按照决策科学理论大师赫伯特·西蒙(Herbert Simon)的观点,决策是一切管理活动的中心,决策贯穿管理的全过程,任何作业开始之前都要先作决策,计划、组织、领导和控制也都离不开决策。西蒙提出了决策的三种类型:结构化决策、非结构化决策和半结构化决策。结构化决策也称为程序化决策,就是那些带有常规性、反复性的例行决策,可以制定出一套例行程序来处理的决策。非结构化决策也称为非程序化决策,是指那些过去尚未发生过,或其确切的性质和结构尚难以把握或很复杂的决策,其一般是无章可循的决策,只能凭决策者的经验和直觉作出分析和判断,而且通常是一次性的。半结构化决策是指某些方面结构化但又不是完全结构化的决策,绝大部分的决策都可归为此类。事实上,结构化和非结构化决策很难绝对分清楚,它们之间没有明显的分界线,因此,任何决策问题都位于从结构化到半结构化,再到非结构化的一个连续统一体中。

2.1.2　决策支持系统

对于结构化决策,管理信息系统(Management Information System, MIS)实现了对这类决策问题的计算机处理,大大提高了决策的效率。而 MIS 对于解决半结构化、非结构化的决策问题则无能为力,在此背景下,决策支持系统 DSS 应运而生。20 世纪 70 年代初期,美国麻省理工大学的 Scott Morton 教授在《管理决策系统》一文中首先提出了决策支持系统 DSS 的概念,为解决复杂多变的决策问题开创了新的途径。当时他将 DSS 定义为"一种交互式的基于计算机的系统,该系统能帮助决策人使用数据和模型解决非结构化的问题"。此后,DSS 在理论、方法上都得到了迅速发展,被广泛应用于各行各业中,并成为一门决策支持系统科学。

DSS 的产生是学术界对传统运筹学、MIS 进行深刻反思后提出的。传统的 MIS 难以适应多变的外部和内部决策环境,使它对决策者的帮助有限,而且完全结构化的决策问题非常少,这也限制了 MIS 的进一步发展。这种反思还产生了另一个重要观点:决策系统本身都不要企图取代决策者去作出决策,而是要对决策者进行支持。DSS 解决的是半结构化、非结构化的决策问题,这两类问题都包含着创造性或直观性,计算机难以处理,而人由于具有主观创造性和直觉,成为处理这两类问题的能手。这样把人和计算机有机结合起来,就能有效地处理大量的半结构化决策问题。DSS 就是一种利用数据和决策模型的有机结合,辅助决策者实现科学决策的综合集成系统,支持和辅助决策是 DSS 的核心。

DSS 是一个发展迅速但未完全成熟的领域,所以 DSS 从产生直至今天,仍无一个统一的定义。概括地讲,DSS 是一种以计算机为工具,应用决策科学及有关学科的理论与方法,综合利用大量数据,有机组合决策模型,提供定性与定量相结合的工作环境,以人机交互方式辅助决策者解决半结构化或非结构化决策问题的信息系统,是以特定形式辅助决策者分析问题、探索决策方法、评价和选优各种方案的一种科学工具。DSS 的特点主要有:

(1) DSS 用来辅助决策者,而不是取代决策者。在决策问题求解中,DSS本身并不作出决策,它仅是一个辅助性工具,其目的是扩展决策者的决策能力,而不是取而代之,决策者保持其选择最终决策方案的自主权。

(2) 交互式、友好的系统用户界面。方便的人机交互界面极大地增强了 DSS 的有效性,也是 DSS 成功的关键所在。

(3) DSS 不仅能提高决策的效率,更重在提高决策的效能和效果。MIS 提高了决策的效率,而 DSS 则不仅提高了效率,更重要的是其增强了决策者的决策能力,因此 DSS 还能提高决策的效能和效果。

(4) DSS 最重要的特点是其在 MIS 数据库的基础上集成了决策模型,实现了模型和数据的有机结合,因此具有较强的适应性和灵活性。集成了决策模型是 DSS 和其他一般信息系统的根本区别。

DSS 的结构体系可以归纳为两大类型:

(1) 基本结构。这是目前被广泛接受并应用的一种结构体系,它由数据库子系统、模型库子系统、人机交互子系统构成,系统结构如图 2-1 所示。

(2) 扩展结构。扩展结构也被称为智能 DSS,其在基本结构体系中加入了知识库子系统,知识库子系统能够支持其他子系统或作为独立部件使用,它提供了智能和定性分析的功能,可以增强决策者的决策能力,系统结构如图 2-2 所示。

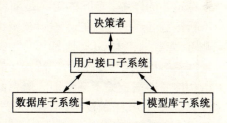

图 2-1 DSS 基本结构图

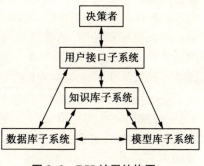

图 2-2 DSS 扩展结构图

在 DSS 结构体系中,模型库是 DSS 中最难实现、最复杂的部分,是 DSS 的核心部件,但又是最能体现 DSS 特点的部件,没有模型库的 DSS 则成为一般的 MIS。模型库子系统在 DSS 中占有绝对重要的地位,决策者不是依靠 DSS 数据库中的数据进行决策,而是依靠模型库中的模型进行决策。数据库为决策提供数据，模型库是给决策者提供分析能力的部件，它给决策者以通过推理、比较、选择来进行决策求解的能力。简言之，和 MIS 的"数据驱动"模式不同，DSS 是"模型驱动"的(李志刚，2005)。

2.2 地理信息系统

地理信息系统(GIS)经过四十多年的发展，已经逐渐成为一门相当成熟的技术，并且得到了极广泛的应用。1964 年，加拿大建成的土地清查地理信息系统是世界上公认的第一个地理信息系统。随后，美国纽约于 1967 年建立了土地利用和自然资源信息系统，并由此开创了 GIS 研究之先河。1970 年以后 GIS 开始得到迅速发展和普遍应用，尤其是近年来，GIS 更以其强大的地理信息空间分析功能在各种领域中发挥着越来越重要的作用。GIS 的定义是随着其技术的不断进步及应用领域的不断拓宽而逐渐完善的。不同领域也因研究对象及角度的不同而各有侧重，如数据库类 GIS、制图出版类 GIS、实时监测类 GIS 以及综合信息处理类 GIS 等。目前最为广泛接受的定义为：GIS 是一个收集、储存、分析和传播地球上关于某一地区信息的系统，该系统包括相关的硬件、软件、数据、人员、组织及相应的机构安排，其中"收集、储存、分析和传播"是一个完整的 GIS 所必须具备的四大功能，即"输入、存贮、操作和分析、表达输出"(黄杏元等，2001)。

随着其自身的不断发展和应用的日趋广泛，GIS 已经渗透到自然资源管理利用、农业土地管理、规划、军事、交通运输、环境保护等各个领域中。在区域规划领域，随着经济、社会的发展，城市化进程逐渐加快，数据的类型和层次呈多样化发展，这些都对传统的规划方法提出了严峻的挑战。由计算机技术与空间数据相结合而产生的 GIS 这一高新技术包含了处理地理信息的各种高级功能，它所具有的空间数据管理、空间分析、空间建模与空间决策支持、地理信息可视化等功能使其成为应用于区域规划领域的强有力支撑工具。总结 GIS 在规划中的应用，可以归纳为以下三点。

1) 规划数据管理

数据是规划的生命，没有数据也就没有真正意义的规划。而有了数据若没有高效的管理，那么数据将不会发挥其应有的作用。各种规划编制都是建立在对规划区自然地理环境、社会人文、经济发展状况等诸多要素全面了解的基础之上,相关数据的获取和有效管理是规划编制和决策的前提和基础(李文实等,2003)。在规划编制时,面对各种格式(矢量、栅格)、多种形式(文字、图表、图形、图像)、多种来源(CAD、遥感、地图、扫描)的数据时,传统的规划数据管理模式显然不能胜任。GIS 则可以有效地管理各种数据,通过空间数据库的建立,GIS 把规划的空间信息和属性信息有机集成起来,既可以存储、输入、更新、显示各种数据,又可以方便规划师随时、准确地调用各种数据。

2) 规划数据分析

规划编制从本质上看是对获取的规划数据进行分析以为作出各种决策奠定基础。GIS 的特点就在于其不仅有强大的数据管理功能,更重要的是拥有强大的空间分析功能。GIS 的空间分析功能在规划编制中的应用主要有空间信息的查询和量算、缓冲区分析、叠加分析、网络分析等。已有的应用研究证明在规划编制中,灵活运用 GIS 技术可以快速精确地完成复杂的空间分析,极大地减轻了工作量,如常规的地形分析、适宜性评价等。这使规划师有更多的时间和精力投入到对规划本身的思考,更全面地把握规划区的现状情况,从而才可能作出更为科学的规划决策。GIS 的空间数据分析技术能够为规划编制建立一个科学理性的分析平台,这是 GIS 对传统规划编制最大最重要的贡献。

3) 规划决策分析

有了数据并对数据进行了必要的分析,下一步就是对此作出各种规划决策。近年来,随着 GIS 技术的进步,各种规划模型和 GIS 相结合可以完成复杂的空间决策问题,如选址模型、区位—配置模型、元胞自动机模型、用地适宜性评价的多准则决策模型等。而且 GIS 具有很强的二次开发能力,能够在其平台上整合各种具体的专业规划模型,并可以把实现规划模型的 GIS 分析操作工具和规划模型集成起来,由此运用常用的计算机编程语言就可以构建一个基本的基于 GIS 的规划决策支持系统。所以,将专业规划决策模型集成到 GIS 中不仅能增强 GIS 的分析功能,同时 GIS 以其强大的空间数据管理、显示表达和制图功能,也有助于提高规划决策的效果。实现 GIS 与专业应用模型的无缝集成,加强专业模型与 GIS 的整合已经成为近年来 GIS 开发研究的一个热点问题(张健挺,万庆,1999)。

2.3 规划支持系统

2.3.1 概念

由于规划涉及大量半结构化的空间决策问题,因此需要专门处理地理空间现象的 GIS 技术的支持。把 DSS 概念延伸到规划领域并与 GIS 技术相结合,便产生了规划支持系统 PSS(图 2-3)。PSS 应用 GIS 的空间分析技术对各种规划问题进行辅助决策支持,它实现了空间分析与规划决策模型的集成和链接。PSS 既是 DSS 在各种规划领域中应用的最新进展,又是新一代 DSS 的发展趋势。DSS 和 GIS 是 PSS 的基石,二者缺一都不可能有 PSS 的产生和发展。

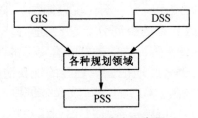

图 2-3 PSS 产生示意图

1989 年,Harris 首次把 PSS 定义为一种合适的模式,能将一系列以计算机为基础的技术、模型、方法组合为一个综合系统,系统把 GIS、模型、可视化功能集成起来,在规划过程中收集、组织、分析和交流信息,使之能够支持各种规划的需要。而 Geertman 和 Stillwell(2003)则认为 PSS 是由多种 GIS 技术工具组成,包括在各种空间尺度、不同规划条件下,用于在各种规划的全过程(或部分过程)中提供支持的工具,PSS 是所有这些支持各种特定规划的 GIS 技术的综合。钮心毅(2006)认为 PSS 的产生与国外城市规划界两个认识上的重要变化有关:一是对计算机在城市规划中作用的看法变化,二是对城市规划本体的认识变化,PSS 是一种在城市规划中应用计算机技术的新途径,一种运用计算机辅助规划的新方法,一种支持规划决策产生的工具。可见,截至目前学术界对于 PSS 尚未形成一个统一的定义,对 PSS 和相邻系统、相关技术之间的差异、界限的定义同样尚不明确(叶嘉安等,2006)。但是关于 PSS,以下三点是可以肯定的:

(1) PSS 是各种规划领域中的决策支持系统,本质上 PSS 是一种集成了 GIS 技术、规划决策模型、与规划直接相关的各种技术的决策支持系统,即 PSS 是 DSS 的一个子集。从此意义上看,PSS 也可称为规划决策支持系统。

(2) 同 DSS 一样,PSS 本身并不作出决策,只是在各个规划阶段中提供决策支持。PSS 也是一个辅助性工具,其目的是扩展规划者的规划决策能力,而不是取而代之,规划决策者始终保持其决策的自主权。

(3) 由于在城市与区域规划中大量存在的是半结构化的决策问题,所以 PSS 是用于支持一个或一组规划者在半结构化或非结构化的规划决策问题中,完成高效决策的交互式计算机系统。

2.3.2 特点

同 DSS 一样,PSS 也具有前述的四个特点,不同的是 PSS 中紧密结合了 GIS 技术,而且 PSS 中的模型是针对各种特定规划问题的决策模型。除此之外,PSS 还具有这样一个显著的特征,即 PSS 与情景规划紧密相关,而该特征也成为 PSS 区别于 DSS 的关键所在。

情景规划(Scenario Planning)的核心思想是考虑未来一系列可能的情况,包括许多不确定性因素,提出多种规划目标,以政策导向为基础制定不同的假定方案或情景,由此全面辅助规划决策者进行规划问题研究,从而起到规划支持的作用。在情景规划中,先预设几种未来可能发生的情况,接着用 PSS 模拟出每一种情况的发展"情景",再用可视化的方式如图像、图表等形式把规划结果传达给规划者。在规划过程中,可通过 PSS 改变情景模拟条件,从而得到不同情景条件下的规划结果,然后由规划者根据规划需要选择最适合的规划方案,作出最终的规划决策。

PSS 与情境规划相结合的特征,使用户具有比 DSS 更完全、更彻底的决策权。PSS 允许规划者定义不同的情景条件并产生相应的各种规划方案,PSS 并不对各种方案进行优劣排序而给出一个最佳方案,选取哪一个方案的决策权完全在于规划者。当然这种选择可能不是通常意义上的"最佳"方案,但却是规划者最需要的方案。在这一过程中,规划者始终是规划决策的核心。总之,PSS 是一个支持规划决策的工具,其作用是提供了一个进行多种政策导向下的多方案比较的技术平台(Harris,1999;Geertman and Stillwell,2003),这也充分体现了 PSS"辅助和支持"的核心功能定位。

2.3.3 结构

作为计算机信息技术，PSS 和 DSS 并不相互排斥，DSS 技术可以在 PSS 中使用。PSS 目前并没有统一的被广泛接受的结构体系，但是 PSS 作为一种特殊的 DSS，DSS 的两大结构体系仍可以为 PSS 所采用。本书所构建的区域主体功能区规划支持系统在结构体系上采用 DSS 的基本结构体系(图 2-1)，即包括数据库子系统、模型库子系统、人机交互子系统。

数据库子系统主要解决不同数据类型(空间、属性)的综合建库问题，不同分辨率、比例尺以及空间统计单元的数据转换问题，数据的显示、查询和分析问题。模型库子系统主要解决专业规划领域中的模型建库问题，模型求解算法问题以及专业模型和 GIS 的集成问题。人机交互子系统主要解决用户与系统的互动交流、输入输出以及规划决策过程和结果的可视化问题。

模型在 PSS 中具有最核心的地位。没有规划决策模型的 PSS 将不能提供规划决策支持作用，也不是一个真正的 PSS，充其量是一个规划信息系统。从国外已有的 PSS 来看，CUF 中集成了人口预测模型和空间分配模型，"WHAT IF?"中集成了土地适宜性评价模型、土地需求预测模型和土地利用分配模型，而 SLEUTH 则基于元胞自动机模型开发而成。因此，同 DSS 一样，PSS 也是"模型驱动"的。

2.4 PSS 和 DSS、GIS 的联系与区别

2.4.1 PSS 和 DSS 的联系与区别

PSS 与我们早已熟知的 DSS 有许多联系和相似之处。在欧洲，就有一种观点将规划支持系统 PSS 称之为空间决策支持系统，因而在概念上常常不容易将它与 DSS 相区别。但是二者既相互联系又各有侧重(杜宁睿和李渊，2005)。Geertman 和 Stillwell(2003)认为 PSS 和 DSS 最主要的共同特点就是应用强大的信息技术和已有的专业知识帮助规划者和决策者了解规划和决策环境，从而提高规划和决策的效率和效果，这反映了二者之间的紧密联系。同时，PSS 是 DSS 的一个新分支，

是 DSS 的一个应用子集。PSS 最主要的特点是处理具有空间数据的规划决策问题,是 DSS 向空间域的扩展和规划领域中的延伸与应用,是一种融合了 GIS 技术的特殊 DSS,二者在基本原理、结构、特点上都具有较强的相似性。

如前所述,PSS 紧密结合了 GIS 技术,是 GIS 和 DSS 共同发展并应用于规划领域的结果。结合了 GIS 技术是 PSS 和一般的 DSS 相区别的标志之一。PSS 与情境规划具有天然的紧密联系,它一般应用于对重大问题和未来发展战略提供多种可能性的分析,以进行比较、交互式讨论和沟通,从而最终达到辅助决策的目的;而 DSS 则侧重于对具体问题和目标提供最佳的决策方案,这是二者相互区别的第二个标志。

第三个区别的标志是在具体决策过程中,DSS 要求用户本身能够对问题有判断能力,有能力拒绝或修改系统给出的建议。系统根据用户提出的决策目标,对各种备选方案进行评价、筛选后给用户提出各方案的优劣排序,即提供一个最佳方案。对于用户来讲,DSS 内部的决策过程是不透明的,用户与 DSS 共同作出决策。而 PSS 则不同,其内部的决策过程是完全透明的,规划者可以清晰掌握其中的规则、方法,还可以改变各种情景的前提条件和规则,PSS 则产生相应不同的规划结果(钮心毅,2006)。

此外,PSS 是一个处理高度复杂数据和知识的规划决策支持系统,将涉及大量的空间和非空间信息、半结构化和非结构化问题,因此在功能结构上,PSS 要比 DSS 复杂一些。二者功能上的区别见表 2-0。

表 2-0　PSS 与 DSS 比较

比较内容	DSS	PSS
数据形式	非空间数据	空间数据、非空间数据
数据获取	单一:统计	多样:统计、扫描数字化、图像处理等
决策模型	非空间模型	空间模型为主、非空间模型为辅
结果输出	数字、表格	图形、图像、表格等

2.4.2　PSS 和 GIS 的联系与区别

GIS 经过几十年的发展已经逐渐走向成熟,成为空间分析和数据处理的有力工具,在规划领域得到了广泛应用。PSS 与 GIS 联系紧密,甚至可以说没有 GIS 的发展及其在规划领域中的深入应用,也不可能有 PSS 的产生。而且,GIS 的数据可视化、数据建库与查询、空间分析等功能也构成了 PSS 的关键功能部件,这表现在目前的 PSS 基本上都使用了 GIS 技术,差别在于 GIS 在其中的功能作用各有不同。在 PSS 开发实现途径上,大部分 PSS 采用商业 GIS 软件作为开发平台,进行二次开发实现,如 CUF 是在 ArcGIS 平台上开发而成,"WHAT IF?"是在 ArcView 平台上开发而成。

但是,目前 GIS 在规划中的应用主要还是停留在建立数据库、数据库查询、空间叠加分析、缓冲分析和成果显示上,对于城市与区域空间发展诸多涉及自然、社会、经济和生态等方面复杂问题的分析和辅助规划决策方面,一般的 GIS 系统还无法提供足够的规划决策支持。同时 GIS 和专业的规划决策模型还不能进行有效整合,这也限制了 GIS 在规划决策中的进一步应用。PSS 就是从规划技术分析的角度出发,在 GIS 平台上融入 DSS 技术,结合城市与区域规划的模型和方法,提供方便并易于理解的规划决策模型和分析工具,帮助规划者有效利用和分析大量的空间和非空间数据,并提供多方案选择的可能,从而辅助规划决策。PSS 和 GIS 最根本的区别在于 PSS 集成了专业的规划决策模型,具备了对复杂的半结构化或非结构化空间问题的求解和决策能力,从而使其不仅可以像 GIS 那样为用户提供各种所需的空间信息,而且还能够提供实质性的决策方案。

这样,通过上述分析,区域主体功能区规划支持系统(RMFA-PSS)可以定义为:首先,它是区域主体功能区规划这一专业领域中的规划支持系统,是 DSS 和 GIS 的技术、理念在区域主体功能区规划领域中的融合与应用。其次,RMFA-PSS 是在 GIS 技术平台上,集成了区域主体功能区规划决策模型和决策方法的规划支持系统,区域主体功能区规划决策模型和规划决策方法是 RMFA-PSS 的核心,没有规划决策模型和决策方法的系统将不是真正意义上的 RMFA-PSS。最后,RMFA-PSS 不对规划决策方案进行优劣排序,不直接给出最佳方案,而是通过情景规划分析法给出不同政策导向下的多个决策方案,规划者再从中选择出最适合规划需要的规划决策方案。

2.5 小结

本章首先介绍和分析了决策支持系统(DSS)、地理信息系统(GIS)、规划支持系统(PSS)的概念、特点、结构,其次分析了 PSS 与 DSS、GIS 的区别和联系,在此基础上自然引入了区域主体功能区规划支持系统(RMFA-PSS)的概念,从而为 RMFA-PSS 的开发奠定了坚实的理论和技术基础。

3 区域主体功能区规划决策模型

由前述可知,建立决策模型是 DSS 和 PSS 开发的首要与核心任务。同样,建立区域主体功能区规划决策模型,是开发实现区域主体功能区规划支持系统(RMFA-PSS)的首要与核心任务,是最基础、最关键的工作。本章主要在决策模型及其建立的一般理论知识的基础上,根据对区域主体功能区规划原理的分析,借鉴和吸收相关研究成果,建立科学的区域主体功能区规划决策模型,为下一步 RMFA-PSS 的开发设计奠定基础。

3.1 概述

3.1.1 模型

人们认识和研究客观世界一般有三种方法:逻辑推理法、实验法和模型法,其中模型法是人们了解和探索客观世界最有效、最方便的方法(李志刚,2005)。"模型"一词源于拉丁文 Modulus,意为尺度、样本、标准。现代意义上的模型是以某种形式如数学表达式、工作流程等对一个系统本质属性的描述,是对现实世界中的实体或现象的抽象和简化,是对实体或现象中最重要的构成及其相互关系的表述,以揭示系统的功能、行为及其变化规律(林炳耀,1985;韦玉春和陈锁忠,2005)。

模型在客观世界和科学理论之间架起一座桥梁,模型来源于实际又高于实际,比客观世界更为简单和抽象。模型是人们认识问题的飞跃和深化,是认识客观世界的重要手段。模型作为客观世界的一种模拟可以是物质实体,也可以是逻辑符号或数学关系式,可以是定性的也可以是定量的。根据模型的表示方式可以将模型划分成三种类型,即概念模型、物理模型和数学模型。其中,概念模型是指利用科学的归纳方法和系统的分析方法,以对研究对象的观察、抽象形成的概念为基础,建立起来的关于概念之间的关系和影响方式的模型。概念模型是建模的起点,从其出发通过更深入的分析建立物理或数学模型。物理模型又称为实体模型,是现实世界在尺寸上缩小或放大后构成的相似体。用数学符号关系式(变量、等式或不等式)来描述对象系统各组成成分、系统变量之间相互关系、相互作用的运动过程的数学表达式称为数学模型,简言之就是运用适当的数学工具而得到的一个数学结构(姜启源,1993)。数学模型和其他各类模型相比,最大的优点是其具有精确严密性、可模拟和可运算性,可以编写成计算机程序而组成可操作、可应用的模型库,进而集成为一个具体的应用系统。总之,数学模型正得到日益广泛的应用。

3.1.2 地理模型

正如马克思所说的"一种科学只有在成功地运用数学时,才算达到了真正完善的地步"。纵观地理学的发展,从以记载、描述地理现象和地理知识为主体的古代地理学,到对地理现象进行归纳总结,对地理现象之间的因果关系进行描述、进而进行解释的近代地理学,最后发展到用系统的观点看待地理空间和地理实体,采用定性和定量相结合的研究方法的现代地理学,其发展历程是一个从定性到定量的过程。任何一门学科的发展,定量化程度的高低都可以作为其发展程度的标志。因此,随着地理学的发展,定量化的数学模型必将具有越来越重要的地位(张伟和顾朝林,2000)。

地理模型是表达地理现象的状态,描述地理现象的过程,揭示地理现象的结构,说明地理现象的分级,认识该现象与其他地理现象之间联系的概念性和本质性的表示方式(牛文元,1987)。当代信息社会的理论和方法,特别是 GIS 技术的飞速发展,用数学模型和计算机信息技术,从更加量化和动态的深度去刻画和阐明区域地理要素及其综合属性和地理过程逐渐成为可能(倪绍祥和查勇,1998)。20 世纪 80 年代后期以来,中国地理数学模型的应用已经与系统科学、系统分析方法、非线性分析方法以及 GIS 技术有机地结合起来(徐建华,1991)。在 GIS 技术支持下,中国地理学家广泛地开展应用地理模型系统(孙九林等,1992)与空间决策支持系统(徐建华和白新萍,1999)的研究。目前中国地理学开始朝着地理计算学这一新兴的研究方向发展(刘妙龙和李乔,2000)。

地理模型所涉及的范围包含了地理系统的多个领域,它们之间千差万别,但在建模过程中都有共同的一点:针对实际问题,通过判别变量之间的关系而把实际问题转化为由数学语言描述的形式,即通过一个程序化的过程来建模。建模的过程一般包含若干个有着明显区别的处理阶

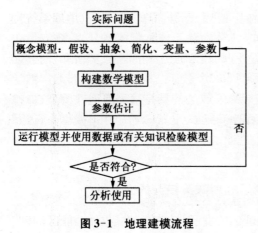

图 3-1 地理建模流程

段，可以用图 3-1 来表示。

具体而言，我们针对地理模型的建立，必须对复杂、客观真实的地理系统进行分析研究，其方法可以概括为地理系统分析与地理系统综合，地理系统分析是地理系统综合的基础和前提。通过地理系统分析和地理系统综合，完成地理建模过程，并直到组建出经检验符合实际问题（地理系统）的地理模型。

根据图 3-1 可分为下述步骤：

首先要明确研究的对象和研究的目的，明确所研究问题的类型，是确定型的还是随机型的，还要清楚问题所依据的事实和数据资料的来源。

第二通过定性分析建立概念模型。要辨识并列出与问题有关的因素，通过假设把所研究的问题进行简化，明确模型中需要考虑的因素及在问题中所起的作用，以变量或参数的形式表示这些因素。在建模之始要把问题尽量简化以降低建模的难度，然后通过不断地调整假设使模型尽可能的接近真实地理系统。

第三建立定量数学模型。要运用数学知识和数学上的技能技巧来描述问题中变量之间的关系，通常可以用数学表达式来描述。如比例关系、线性或非线性关系、经验关系、平衡原理、牛顿运动定律、矩阵、概率、统计分布等，从而得到所研究问题的数学模型。然后使用观测数据或地理系统的有关背景知识对模型中的参数给出估计值。

第四要运用所得到的模型，解释模型运行的结果或把模型的运行结果和实际观测进行比较，如果结果与实际状况相吻合或与实际观测基本一致，表明模型经检验是符合实际情况的，可以用来对实际问题（地理系统）进行进一步的分析讨论。

如果结果与实际状况不相符合或与实际观测不一致，表明模型经检验不符合实际情况，不能直接将它应用于所研究的实际问题。这时就要返回检查建模时的假设是否恰当，地理要素的选择是否准确合理，再给出修正并重复建模过程,直到组建出经检验符合实际情况(地理系统)的地理模型。

总之,地理建模针对客观地理现象,通过分析自然、经济和社会各因素之间所包含的关系,建立可解释、可应用的各种模型,从而为自然、经济和社会问题的决策和预测提供强有力的支持。当前地理模型在计算机技术特别是 GIS 技术飞速发展的推动下,逐渐成为一种解决实际地理问题的定量化的决策手段,正日益广泛地应用于地理学研究的各个领域之中。

3.1.3 构建区域主体功能区规划决策模型的必要性

首先,构建区域主体功能区规划决策模型是区域主体功能区规划支持系统开发的必然要求。没有决策模型的规划支持系统将不具有支持和辅助空间决策的能力,而仅是一个普通的信息管理系统。因此在规划支持系统中要实现决策支持这一高级功能必须依赖于规划决策模型,决策模型的构建和应用是规划支持系统整个功能和应用效果的具体体现。本研究的中心是区域主体功能区规划支持系统,因此,构建区域主体功能区规划决策模型成为一个首要的任务。

其次,区域规划作为地理学、经济学、社会学等学科的交叉和融合,单纯依靠定性描述的研究方法显然不够。区域规划是一个连续的决策过程,理论和实践证明提高规划决策准确度的有效手段是采用定量化的方法,因此在规划过程中采用数学模型进行定量化决策是一个核心手段,数学模型将成为提高区域规划的效率和可靠性的有力工具(张伟和顾朝林,2000)。同时区域规划又是一个复杂的系统工程,利用现代数学和计算机信息技术是系统工程的主要特征之一。通过系统分析,建立各种类型的模型,特别是数学模型,找出最佳发展途径是系统工程的核心,是定量分析的基本条件,模型技术已成为区域规划系统工程研究的主要方法和重要手段(毛禹功,1993)。

第三,区域主体功能区规划没有可借鉴的现实案例,也没有适用于我国各地区统一的固定模式。在具体规划技术上,传统的规划技术难以解决自然、经济、社会高度耦合的区域复杂系统所面临的各种问题。例如开发类和保护类的划分阈值如何确定,规划尺度、层次、单元的确定如何更加科学、合理和便于操作等,这些都成为迫切需要解决的技术焦点和难点。作为新时期一种具有全新内涵的区域规划,区域主体功能区规划面临的问题更复杂,在规划的广度和深度上较之于传统的区域规划要求更高。如何从错综复杂的区域系统中抓住主要因素和主要矛盾成为决定规划成效的关键一步。因此,在现代信息技术和计算机技术的支持下,在深入定性分析的基础上构建规划决策的概念模型和数学模型将成为必然的选择。

3.2 区域主体功能区规划决策模型构建基础

推进形成区域主体功能区是一项长期的艰巨任务,也是一项复杂的系统工程。区域主体功能区规划涉及许多相关学科,如经济学、生态学、决策学等,因此区域主体功能区规划决策模型构建要借鉴和吸收相关理论研究成果。本节从地域分异理论、系统论、可持续发展理论三个方面来论述分析区域主体功能区规划决策模型的构建基础。

3.2.1 地域分异理论

地域分异理论是地理学的重要基础理论之一,从某种程度上说地理学就是一门关于地域分异的科学(郑度,1998;范中桥,2004)。所谓地域分异是指自然地理综合体及其各组成部分按地理坐标确定的方向发生有规律的变化和更替的现象。地球表面的地域分异是自然、经济、人文等要素相互作用而表现出来的一种综合效应,地域分异具有不同的空间尺度和等级层次性,其中大尺度的地域分异控制着小尺度地域分异的发展,小尺度的地域分异是大尺度地域分异形成、发展的基础。地域分异会呈现出一定的规律性,这种规律性受到自然因素(太阳辐射、地形地貌等),经济因素(经济区位、交通条件等),社会因素(政治、文化、习俗等)的共同影响,表现为纬向分异规律、经向分异规律和垂直分异规律(陈百明,2003)。

由于受到地域分异规律的影响和制约,各种资源的开发利用都因所处地理空间位置的不同而形成地域差别,使得人类的空间开发活动有特定的空间位置和范围,形成各个具有一定相似性和差异性的功能分区。因此作为地理学的经典理论之一,地域分异理论是区域规划最基础的理论之一,各种功能区划如自然区划、生态区划等都是按照各区之间的相似性和差异性而进行划分的,其实质就是地域分异规律的客观反映(杨子生和郝性中,1995)。区域主体功能区规划是区域自然、经济和社会诸多因素在地域空间分布上的综合规划,是新时期对地域分异规律的深入研究和应用,其目标在于调整、优化空间开发的方式和方向,区域空间单元的相似性和差异性将直接决定着区域主体功能的选择。由此可见,地域分异规律同样是区域主体功能区规划的理论基础和主要原则,规划决策模型及其计算结果要能够体现规划区域空间单元的相似性和差异性。

3.2.2 复杂系统论

系统思想是一般系统论的认识基础,是对系统本质属性(包括整体性、关联性、层次性、统一性)的根本认识。系统论的核心问题是如何根据系统的本质属性使系统最优化。从系统的组成角度看,系统是由两个或两个以上相互关联的要素组成的、具有整体功能和综合行为的集合(钱学森,1982;许国志等,2000)。系统具有多样性、差异性和关联性,这是系统不断演化的重要机制。系统论中的复杂性(complexity)是指系统结构特征和系统行为特征的各种不确定性,包括系统的层次性、开放性、随机性、模糊性、系统中各种作用关系的非线性、系统在时间和空间演化方面的不可逆性(吴今培,2006)。复杂系统理论的发展历史可以分为四个阶段(张永光,2000):20世纪40年代至50年代以控制论、信息论为代表的一般系统论;20世纪60年代至70年代的耗散结构论、协同论则代表了复杂科学的兴起;20世纪70年代至80年代的混沌理论和分形理论成为复杂系统思想革命的推动力量;20世纪90年代以来的人工智能、复杂适应性理论、复杂巨系统理论把复杂系统研究推向了一个新的高度。钱学森曾指出,地理科学所研究的内容是一个地理系统,是一个开放的复杂巨系统(钱学森,1994),区域无疑是这一复杂巨系统中的一个子系统,它具有开放性、复杂性、动态性等特点。

区域是一个由自然、经济、社会构成的高度复杂的生态系统,具有复杂系统的特点。而区域主体功能区规划是对区域系统的高度综合和凝练,进而使区域系统的结构和功能得到优化,是一个典型的系统优化过程,因此系统论特别是复杂系统论可以为规划提供强有力的理论和方法支撑。例如 A. Charnes 和 W. W. Cooper 提出了数据包络分析方法用以评价具有多投入和多产出系统的运行效率的方法,钱学森提出了从定性到定量综合集成的方法来处理复杂系统,遗传算法创始人霍兰德提出了复杂适应性系统的理论和方法。这些系统理论和方法可为区域主体功能区规划提供有效的区域分析方法和技术手段,从而使主体功能区规划对区域的可持续发展起到最大的优化作用。

3.2.3 强与弱：两种可持续发展范式

区域主体功能区规划的目标在于"把经济社会发展切实转入全面协调可持续发展的轨道",实现区域的可持续发展是主体功能区规划的根本目的所在。在空间开发过程中通过主体功能区的划分,确保区域之间的公平发展、持续发展和共同发展,从而实现区域经济、社会和生态效益的有机统一和协调共赢。为了使区域主体功能区规划决策模型构建有更坚实的理论基础,能够更好地对模型进行理论阐释,在此对可持续发展理论进行深入分析。

20世纪70年代以来,在全球大规模的城镇化和工业化带来巨大物质财富的同时,人口激增、能源危机、环境污染等危及人类生存的重大问题在全球范围内普遍出现,世界各国开始对传统经济发展模式进行深刻反思。1972年在斯德哥尔摩举行的"联合国人类环境会议"上第一次提出要研究经济发展和环境恶化之间的关系;1980年世界自然保护同盟在《世界自然资源保护大纲》中首次明确提出可持续发展的概念;1987年挪威首相布伦特兰夫人在她任主席的联合国世界环境与发展委员会的报告《我们共同的未来》中,系统阐述了可持续发展的思想;1992年6月,联合国在里约热内卢召开的"环境与发展大会"通过了以可持续发展为核心的《里约环境与发展宣言》、《21世纪议程》等文件,标志着可持续发展成为全人类的共识和共同行动。

可持续发展是关于人类长期发展的战略模式,是在全球面临经济、社会、环境三大问题的背景下,人类从自身生产和生活行为的反思以及对现实与未来的忧患中领悟出来的。按照1987年世界环境和发展委员会对可持续发展最原始、最本质、国际社会最广泛接受的定义——"既满足当代人的需要,又不对后代人满足其需要的能力构成危害的发展",可持续发展主要包括三层含义(李志青,2003):一是人类发展需要代际公平,因为后代人现在不能在任何政治和经济论坛中有所表示,因此现在制定出使他们利益受损的政策是不公平的;二是认为必须承认生态制约条件,经济活动必须在生态许可的范围内进行,保护变成了确定用以判断自然资源配置标准是否合适的唯一基础(Turner,1992);三是所有的经济活动都必须有制约,以使环境的服务或废物的排放有个不可逾越的限制。

然而到目前为止,对于可持续发展的定义、测度以及如何予以促进等问题,理论界有着两种不同的观点:生态学家认为应该将可持续发展与自然生态系统的保护联系起来;经济学家则认为可持续发展的重点应在于维持和改善人们的福利水平。广义的可持续发展指的是随着时间的推移,人类的福利水平持续提高或至少保持稳定。影响人们福利水平的主要因素是社会财富状况,人类社会财富由三个部分组成:人造资本、自然资本(用货币单位表示的环境资源的总经济价值)和人力资本。由于人力资本的供给随着社会的发展相对不成问题,自然资本和人造资本的总量便成为影响可持续发展的主要限制条件。可持续发展是一个为后代储备总生产能力的计划(Solow,1999),关键在于需要通过代际转移什么样的资本才能实现这一计划(Toman,1999)。生态学家认为自然资本有着在生产之外的用途,从而不能以人造资本予以替代,经济学家则认为所有资本包括自然资本和人造资本都是可相互替代的福利来源,只要当代人确保他们留给下一代的总资本存量不少于当代的拥有量(Solow,1974),自然资源就可以由人造资本予以替代,从而用于消费。因此基于对人造资本与自然资本之间替代关系的不同观点以及由此派生出来的不同衡量标准,可持续发展进一步可分为弱可持续发展和强可持续发展两种范式(Pearce;1993;丁言强,2005;王寅通译,2006)。

1) 弱可持续发展(Weak sustainability)

弱可持续发展包括了两个基本假设条件:自然资本与人造资本之间的高替代性和不同自然资本的同质性,即不区分关键自然资本与非关键自然资本。弱可持续发展要求当代人转移给后代人的资本总存量不少于现有存量,这一标准下的可持续发展常常被称为"索洛—哈特威克可持续性"(Solow,1974)。弱可持续性所关心的只是由自然资本和人造资本构成的总资本存量,只要后代人所能利用的资本总存量不少于当代人就表明发展是可持续的,由此根本没有必要担心某种自然资源的耗竭。反过来说,只要没有什么经济用途,一种资源的存在就无足轻重。很明显,弱可持续性范式持有资源乐观主义态度。

弱可持续发展成立的前提条件是自然资本和其他资本之间是可以完全替代的,特别是人造资本可以替代日益减少的自然资本。这就意味着我们可以不关心转移给后代的资本总存量的具体形式和结构(Pearce,1993)。弱可持续性范式认为,对子孙后代十分重要的是人造资本和自然资本的总和,而不是自然资本本身。这就是说,要想使发展持续下去,就必须让自然资本充分发挥作用,置换出至少不少于原来自然资本作用的人造资本。笼统地说,根据弱可持续性,现在这一代人是否用完了不可再生资源或向大气排放二氧化碳都没关系,只要造出了足够的机器、道路、港口、机场作为补偿就行。因为自然资本被看做在消费品的生产中是可替代的,是效用的直接提供者(王寅通译,2006)。

2) 强可持续发展(Strong sustainability)

然而,自然资本与人造资本之间的替代是有一定局限性的,在自然资源消耗殆尽的时候,人类是不可能再谈可持续发展的。由于自然资本基本上不能与其他形式的资本相互替代,以及自然资本内部的各种形式间不能完全相互替代,因而要实现真正可持续发展,自然资源的存量必须保持在一定的极限水平之上,否则就不是可持续的发展路径(Pearce,1993)。强可持续发展除了包含实现现代经济持续发展本身的内容外,还要求满足两个条件:① 自然资本与人造资本之间不存在高替代性,即人造资本并不能完全替代自然资本,经济增长必然要付出一定的自然资本代价;② 任何经济发展都客观存在着一个生态环境临界价值,实现经济增长必须考虑其特定资源环境的生态承载力。

在强可持续性的发展路径下,不仅需要在代际保持总资本的存量水平,而且还必须在代与代之间维持或增加自然资本的存量水平,也就是在弱可持续发展的基础上对自然资本的消耗提出了额外的要求。这种要求并不意味着要按自然资源的原样进行保存,而是在消耗不可再生资源的同时发展可再生资源,以保持或增加自然资源总存量的水平。由于某些自然资源与其他自然资源之间不存在相互的替代性,我们还必须对某些重要的自然资源进行特别的维持,也就是对这些自然资源的使用不能超越它们的替代极限以及再生能力,这种极限称为生态极限(李志青,2003)。在强可持续性看来,一些自然资本除了具有经济资源的功能以外,更重要的是还承担着极其基本的和根本的生命支持功能,就是使人类生命在地球上成为可能的那种功能(胡宝清等,2005)。相比之下,这比经济功能更加重要,因为即使获得了不断增长的经济,创造了很多的人造资本,也并不能补偿因此而造成的生态环境退化。臭氧的彻底毁坏、大气层生化循环大规模的破坏、耕地的消失、地下水的污染等都是数代人难以补偿的,纵使增加了相应的人造资本也是枉然。Pearce 等进一步把这种特别重要的,即能提供有价值的非替代性环境服务的自然资本同其余的自然资本区别开来,将其作为关键自然资本,强可持续发展要求一个国家或地区的关键自然资本存量不随时间而减少(Pearce and

Barbier，2000）。因此，保持自然资本和人造资本总价值不变的弱可持续发展就暴露了其不可持续性的一面。

强可持续性的发展路径显然更为关注我们转移给后代的资本结构，由于各种资本之间并不能完全替代，因而就必须在资本总量之外特别的关注生态环境。由于在自然资源和其他资本之间不存在完全替代的关系，所以足以维持一定生产能力的这个自然资源在代与代之间的最优配置就构成了强可持续性发展的必要条件，这意味着我们必须对自然资本消耗水平予以重点关注，经济增长对自然资本的数量与流速要求不能超出特定生态系统所能承受的范围，强可持续发展的本质在于其给经济发展提出了一个长期的生态约束和限制。

强可持续发展以自然、经济、社会的共同改善和持续、稳定、健康发展为特点，经济增长以无损于生态环境为前提，以自然资本消耗的极小化和人造资本产出价值的最大化为目的，以资源的永续利用和良好的生态环境为标志(郝韦霞，2008)，也即要把生态系统承载力作为自然资源开发利用的基本限制条件。因此以生态承载力为基础的强可持续发展理念的提出，超越了新古典经济学单纯依靠价格机制来配置资源的分析框架，从而在理论上明确了真正意义上的可持续发展必须以不破坏生态环境为前提(孙陶生和王晋斌，2001)。

人们必须用自然资本来充当经济资源，弱可持续性范式有其合理性；也必须用自然资本来保障生态环境，强可持续性范式也有它的合理性。也就是说，这两种范式的理论思维方式都是正确的，都是为了人的发展服务的。而问题在于，自然资本的总量并非无限，而是有限度的，所以正如我们看到的，自然资本同时作为人类经济资源的提供者和生态环境的保障者，在很多时候存在着矛盾。这种矛盾性主要在两个层次上展开。一个是附带性矛盾，人们选择利用一部分自然资本进行经济活动，但这种活动的结果是不但生产了物质财富，而且也"附带性"地生产了二氧化碳等一些破坏环境的要素。资源耗竭和环境破坏并不是经济活动的目标，而是为生产投入补充价值的不受欢迎的副产品。经济资源和生态环境矛盾的另一个层次是同一性矛盾，对于一些自然资本，如果把它用作经济资源，就不能用于环境保护；如果用于环境保护，就不能用作经济资源，这是一种零和博弈的游戏。当然，这两个层次的矛盾并不是截然分开的，而是以各种复杂的形式纠缠在一起(陈向义，2007)。

从以上分析可知，由于对各种形式资本之间的替代性存在不同认识，导致了对于可持续性的衡量有着两种相异的标准,一种是弱可持续性标准,一种是强可持续性标准。前者强调经济的可持续,认为我们不需要考虑生态极限,又可称之为"可替代的发展范式";后者更加强调自然资本的生态价值,强调生态的可持续,主张除了总的累计资本存量外还应当为子孙后代保留自然资本本身,又可称之为"不可替代的发展范式"。两者的根本分歧在于是否承认自然资本在本质上是可替代的,在保持后代产出能力不低于当代的过程中是否需要考虑自然资源消耗的生态极限,这种分歧直接影响到可持续发展战略实施过程中的不同走向。

真正意义上的可持续增长,既要考虑到经济发展过程中所需的各种人造资本的协调利用问题,同时也必须考虑到经济增长所依赖的资源环境的生态承载力。人类经济社会的发展必须在资源环境的可承受能力的范围内,才可能实现经济发展与资源环境的协调,从而既能满足当代人的需求,又不对后代人的发展构成危害。总之,可持续发展注重经济、社会、资源、环境等各方面的协调发展,要求这些方面的各项指标组成向量的变化呈现单调递增态势(强可持续发展),至少其总的变化趋势不是单调递减态势(弱可持续发展)。因此,强可持续发展是理想的、最佳的状态;弱可持续发展是可以接受的最低标准(吴殿廷等,2006)。图 3-2 概括了两种可持续发展范式的区别和联系。

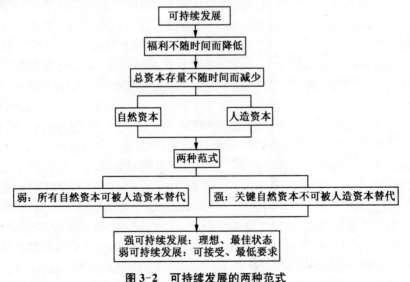

图 3-2 可持续发展的两种范式

世界的生态系统包含了经济,而不是经济包含了世界生态系统(Daly, et al.,1993)。从历史上看,人类可以在没有人造资本的条件下生存下去,但是没有生态系统的作用,人类就难以生存。自然资本的核心价值在于其提供了合适的生态环境条件让人类社会得以存在和发展。生态系统可以容忍有限的破坏,但其生态极限一旦被突破,整个系统将会崩溃,从而给人类社会带来灾难。城镇化、工业化必须以保护生态环境、保障自然资源的永续利用为基础,都要走人与自然相协调的可持续发展道路。因此,区域主体功能区规划的目的不仅要实现区域的弱可持续发展,更要能够实现区域的强可持续发展。

此外,根据国家"十一五"规划纲要对主体功能区的相关表述以及《国务院关于编制全国主体功能区规划的意见》精神,区域主体功能区规划的三项基本原则是区域的资源环境承载力、现有开发密度和发展潜力。作为国家对区域主体功能区规划的最高指导原则,本书研究也遵循这一基本原则。在国家原则的框架下进行深入剖析、提炼和归纳,再结合相关理论研究成果,构建区域主体功能区规划决策的概念模型和数学模型。

3.3 区域主体功能区规划决策概念模型

3.3.1 模型功能

"先规划,后建设"是我国空间开发的基本模式,一个科学合理的规划方案对于空间开发的协调和持续进行具有至关重要的价值和作用。区域主体功能区规划是规范区域空间开发秩序和建设格局的龙头,是一个关于区域空间开发的刚性、约束性的规划。

国家虽然确定了区域主体功能区规划的三项原则,但此仅是一个宏观的指导意见,并没有给出具体的规划技术路径,而是由各个省市自行研究和探索。模型是对规划对象的高度概括和抽象,是规划实践的理论依据和基础。而区域主体功能区规划的决策模型是什么,这是一个决定区域主体功能区规划和建设科学性和可行性的重要课题,也是进行区域主体功能区规划支持系统研究必须解决的基本问题。区域主体功能区规划具有广泛的理论背景,可以从不同的视角对其进行阐释。本书则尝试从区域空间开发所受到的基本作用力出发,有机引入强可持续发展的理念，探讨决定区域空间开发状态的影响因素，从而构建区域主体功能区规划决策的概念模型和数学模型。

从已有的主体功能区规划模型研究来看，主要有基于人均综合发展状态水平值的区域发展空间均衡模型（樊杰，2007）；基于空间需求多样性和空间供给稀缺性的空间供需模型（刘传明，2007）；基于资源环境承载力的孤立区域开发历程模型（杜黎明，2006）。这些模型分别从某一视角对规划进行了很好的理论阐释，在主体功能区规划实践中也发挥了相应的指导作用。本书所构建的规划决策模型应当具有以下功能：

(1) 能够紧扣区域自然、经济、社会复合生态系统的特点，以经典力学定律为出发点，以实现区域强可持续发展为目的，高度体现区域可持续发展的效率、公平和生态三个要素，特别强调自然生态本底和关键自然资本对空间开发的限制和约束作用，避免脱离区域自身生态限制条件而进行盲目开发。

(2) 模型最重要的功能在于能够对区域复杂系统进行科学的综合评价，实现多准则决策环境下的规划决策：首先，它能够将复杂的规划对象抽象、分解为一系列相互联系、相互独立、相互补充的评价因子、指标，以便于描述、评价区域空间开发这一复杂过程中的主要影响因素；其次，可以运用一定的数理方法，表现各指标、各要素之间的联系，并用具体的公式表示出来；最后，通过对模型的各个层次进行综合计算，可以得到最终的综合评价结果。规划模型能够较为完整、真实地反映区域空间开发这一复杂系统过程所具有的复杂运动的本质特点，模型计算结果将得到一个归一化的综合划分指数，利用其可有效解决区域主体功能区规划的类型阈值问题，实现对开发类功能区和保护类功能区的科学划分。

(3) 模型要能够为区域主体功能区规划支持系统所用，模型所包含的数学公式要能够用计算机编程实现，从而有利于系统开发。

3.3.2 模型假设

假设是许多经典地理学模型构建的基础。一些经典的区位论如杜能的农业区位论、韦伯的工业区位论、廖什的市场区位论和克里斯泰勒的中心地理论等，在模型构建时都建立了一些假设条件，包括杜能的"孤立国"假设，韦伯的"均质国家或地区"假设，廖什的"农业人口均等分布"假设，克里斯泰勒的"中心地均匀分布"假设。在区域主体功能区规划决策模型构建时，借鉴和参考已有的成果，本书引入了两个模型假设条件。

1) 空间质点假设

质点是物理学中最基本、最常用的假设模型，它是在一定条件下对实际物体经过科学抽象得到的概念，是一个理想模型。当物体的形状和大小与所研究的问题无关或所起的作用极小时，就可以将此物体简化成为一个用来代替整个物体并与物体具有相同质量，但不计其形状、大小和内部结构的理想物体，称为质点。研究问题时用质点代替物体，可不考虑物体上各点之间运动状态的差别。质点不一定是很小的物体，它是各种真实物体的高度简化和抽象。世界上一切物体的机械运动均可视为质点运动，正是把物体抽象为质点才能抓住物体运动的主要因素，简化忽略次要因素，进而得到三大经典力学定律。

受质点模型启发，本书把每一个空间单元假设为一个空间质点。设某一规划区域由 m 个规划空间单元构成，每一个空间单元是一个独立而完整的行政区，或是规划者根据需要自行设定的一个空间范围，如公里网、$30\,m \times 30\,m$ 的空间范围等。空间质点是具有原空间单元的自然、经济和社会属性而不计空间单元内部差异（内部均质）的空间几何点，这样规划区域就是 m 个空间质点的集合，构成了一个区域空间质点系。

空间质点假设可以将一个由自然、经济和社会构成的复杂空间单元抽象简化为一个空间质点。这些空间质点同客观世界的物体一样都处在永不停止的运动之中，运动同样是空间质点的本质特点，应用空间质点假设的目的在于为进行区域空间单元受力分析提供依据。

2) 机会平等假设

规划区域包括其所有的规划空间单元在规划时处于一种均衡状态，受到国家、地区各种方针、政策、规划、项目的同等影响，即不存在来自区域外部发展战略和政治因素对某一空间单元的决策偏好，所有空间单元在空间开发的机遇上是平等的。这样可以排除外部因素对区域空间开发的推动或阻碍作用，也即忽略外部作用力对区域空间开发的影响，仅依靠区域空间单元本身在自然、经济和社会上的不同状态和水平进行综合评价，使国土空间的分析评价更具有客观性和公平性。

3.3.3 模型构建与分析

1) 模型构建

马克思主义哲学原理指出：整个自然界都是由各种各样运动着的物质组成的，都是运动着的物质的不同形态，一切物质都处在不停的运动之中,绝对不动的物质是不存在的,自然界的一切现象都是物质运动的表现,静止也是运动的一种特殊形式,运动是物体的本质属性。

同样,区域作为复杂的巨系统也处于运动之中。在区域这个运动系统中,存在三大子系统,即自然子系统、经济子系统和社会子系统,进一步可归为两大子系统,即以人为主的经济社会系统和以生态环境为主的自然系统。人从自然中获取各种资源能源用以支撑自己的生存发展,同时产生各种废物并排放到自然中。由于自然资源能源消耗和废物排放量的增多,自然系统会产生一系列的生态环境问题乃至危机,从而又反过来限制和制约人类的活动。可见,正是在人对自然资源能源开发利用的基础上,通过人和自然的相互作用共同推动了区域及其空间单元的发展和运动。

自工业革命以来,人类改造利用自然的能力大幅度提高,从根本上改变了人和自然的主从关系。在人类活动的强势介入下,区域空间单元的运动表现在人类对区域的空间开发上,在近现代这种空间开发又体现在大规模的城镇化和工业化上。空间开发成为人和自然相互作用的界面,空间开发的状态则成为空间单元运动状态的表征变量,即空间单元的运动状态决定其空间开发状态。在本书中,这种空间开发状态对应于四类主体功能区,即优化开发、重点开发、限制开发和禁止开发,每一类功能区代表了空间单元所处的空间开发状态,进而也代表着空间单元的运动状态。那么,紧接着的问题是什么来决定空间单元的运动状态?

物质运动的形式是多种多样的,包括宇宙中所发生的一切变化和过程,从单纯的物体位置移动到高级的人类思维,它们既存在共同的普遍规律,又具有各自的独特规律,对各种不同的物质运动形式的研究形成了现代自然科学的各个分科。其中,经典力学是研究物质最基本最普遍的运动形式及其规律的科学,而这种基本运动也普遍存在于其他高级的、复杂的物质运动形式之中,因此经典力学运动定律具有广泛的普遍性和普适性。经典力学中关于物体运动的三大定律集中概括和总结了物体运动的基本规律,是整个力学的基础,从其出发则建立了整个经典力学的理论体系。

20世纪30年代,赖利(Reilly)根据牛顿万有引力定律的原理进行了各个城市对其周围地区零售贸易吸引力及范围的研究,认为引力大小和城市的人口和规模成正比,和周围居民点与城市距离的平方成反比,由此得到了赖利引力定律。受其启发,本书把牛顿第二定律"物体运动状态的变化是由其受到的合外力所决定的"这一著名论断引入空间单元这一特殊的"物体"可得到:空间单元的运动状态要取决于空间单元所受到的合外力,也即其综合受力情况。因此,要想知道空间单元的空间开发状态,必须得到空间单元的运动状态,而其运动状态则决定于其所受到的各种作用力及其合外力。这样,分析空间单元所受的基本作用力成为规划决策模型构建的第一步。由于区域中的规划空间单元是一个面状的物质空间范围,直接进行作用力分析较为复杂,此时就需要用到模型的假设条件,即空间质点假设。

图 3-3 为某一支撑平面上的物体受力分析图,根据力学定律,有如下结论:当物体静止时,其受到两个基本作用力,即垂直方向上的自身重力和地面对其的支撑力,且支撑力等于重力,物体所受合外力为 0,加速度为 0。当物体沿着支撑平面做水平方向上的匀速直线运动时,其要受到四个基本作用力,分别为水平方向的拉力和阻力,垂直方向的重力和支撑力,且支撑力等于重力,拉力等于阻力,物体所受合外力为 0,加速度为 0。当物体沿着支撑平面做水平方向上的加速或减速运动时,其也要受到四个基本作用力,分别为水平方向的拉力和阻力,垂直方向的重力和支撑力,支撑力等于重力,但拉力大于或小于阻力,物体所受合外力不为 0,加速度也不等于 0。这些结论是在忽略了物体大小和形状的差别、组成物体的各个部分的运动状态相一致的情况下得到的,此即把物体视为质点。

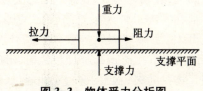

图 3-3 物体受力分析图

如果把物体换成区域中的某一个空间单元,那么该空间单元在空间开发过程中是否也受到这些基本作用力? 在进行空间质点受力分析前,有必要再引入一个假设,即空间单元在空间开发中的机会平等假设,这样可以排除外部作用力的影响,使每个空间单元可以平等地进行空间开发,从而能够公平地考察其从事空间开发的能力。

在空间单元机会平等假设条件下,作为客观世界中的一类由自然—经济—社会复合而成的特殊物体,区域及其空间单元在理论上也应遵循物体运动规律。从区域主体功能区规划的国家最高指导原则即"区域资源环境承载力、开发密度和发展潜力"出发,结合经典力学定律和运动物体所受到的四种基本作用力,可以首先提取出区域空间单元在空间开发过程中所受到的三种基本作用力分别为承载力(Capacity)、潜力(Potential)、压力(Pressure),再根据关键自然资本不可减少的强可持续发展理论而提取出区域空间单元在空间开发中所受到的另一个基本作用力为阻力(Resistance)。

(1) 资源环境承载力

承载力即区域资源环境对空间开发的承载力。空间开发的实质就是区域系统内部、人与自然之间相互作用、相互胁迫、由低级协调共生向高级协调发展的不断上升的过程。在这个过程中,资源环境是区域空间开发的基础和前提。一般而言,资源环境承载力是区域系统中某些单一子系统可承载人口数量、经济规模的重要指标,用于揭示区域资源开发、环境承载的最大容量及其经济社会发展的极限状态(张富刚和刘彦随,2008)。资源环境承载力包括资源系统承载力和环境系统承载力,资源承载力是整个区域系统能量的供给者,为社会经济系统运行提供物质条件;环境承载力是废物的消化者,是自然界容纳并消化人类经济社会活动所产生的废弃物的能力,为人类活动创造良好的生态环境。区域资源环境是人类进行各种经济社会行为活动的最终受体,资源消耗状况和生态环境污染状况是社会经济系统作用于资源环境系统的综合反映。在不到一个世纪的时间里,随着工业化和城镇化的快速发展,人类对生活空间、物质、食品和福利的需求扩大了五倍(王贵明和匡耀求,2008),然而这是以资源过度开发、污染物大量排放和空间开发的低效率为代价的,导致了大范围、大规模的生态退化和环境危机,形成人类活动和自然系统的对立与冲突。物种消失、水土流失、草地退化、耕地沙漠化等各种资源环境系统的功能性问题层出不穷,这是自然系统传出的明确信号:人类活动已经突破或即将突破自然生态系统所能承受的极限。区域主体功能区规划是以自然生态系统的承载能力为基础,尊重自然发展规律,按照主体功能对国土资源进行科学规划,在空间格局上使经济布局、人口分布与资源环境相适应,协调经济社会系统与自然生态系统在时空上的耦合,是解决区域生态危机和环境退化问题的关键。区域主体功能区规划不同于一般意义上的区域规划,它在考虑经济发展的同时,更着重于深入研究区域资源环境与经济社会活动之间相互影响、相互制约的复杂关系。因此,资源环境承载力成为空间单元在空间开发中所受到的基本作用力之一。

(2) 经济社会发展潜力

潜力是第二个基本作用力,代表了空间单元经济社会的未来发展潜力。包括空间单元的经济社会发展基础,科技教育水平,城镇化水平,工业化水平,交通区位条件,历史、民族、文化等地缘因素以及国家和地区的战略取向等。潜力由经济系统和社会系统构成,能为空间开发提供人力、资金、技术、信息和管理等外部支撑力,以促进空间开发的持续进行。

(3) 环境压力

现有开发密度即区域工业化、城镇化的程度和土地资源、水资源等的开发强度。进一步可把现有开发密度分为两个方面:一方面是空间开发的结果促进了区域经济社会的发展、城镇化水平的提高、基础设施的完善等有利于区域进一步发展的因素,这些可归为潜力因素;另一方面,现有空间开发既引发了经济增长,也造成了资源消耗、自然生态环境不同程度的破坏,导致各种自然资本的消失。根据强可持续发展理论,一些关键自然资本如耕地、森林、水域的消失将不能得到人造资本的补偿,这就对区域生态环境及其可持续发展带来了一定压力。根据作用力与反作用力原理,生态环境反过来会对人类经济社会施加相同大小的压力,这种环境压力将对经济社会发展起到一种限制和阻滞作用,人造资本在扣除这种压力所带来的人类福利下降和环境治理成本之后将会有一定程度的减少。

(4) 生态阻力

从国家三原则出发可得到空间质点所受到的上述三种基本作用力,即资源环境承载力、经济社会潜力和环境压力。但是仅仅考虑这三个作用力还不够,还不能充分反应区域自然经济社会复合系统的复杂运动。强可持续发展理论指出一些关键自然资本是不能被补偿的,其一旦消失将会对生态环境造成不可挽回的损失。强可持续发展强调要充分考虑自然资本的生态极限,要对区域开发建立一种长效的生态约束和限制机制。基于实现区域强可持续发展理念,本书引入了生态阻力的概念。

类似于物体运动中受到支撑面施加的与运动方向相反的摩擦阻力,生态阻力表达了生态环境对空间开发的一种自然反抗力。此点可以从牛顿第一定律即惯性定律中找到理论依据。惯性是物体总要维持原来运动状态的一种固有属性,反映了物体对加速度的阻抗,一般可通过物体质量来衡量其惯性大小,质量越大,惯性越大。基于此,生态阻力可理解为区域自然生态环境的一种"生态惯性",即维持区域原来各种自然空间格局、状态和功能的一种能力。而空间开发的目的是实现人类所规划、所设想的人工空间格局和状态,这样人工格局和自然格局构成一对矛盾,也就是开发和保护的矛盾。在人工格局创造中显然要受到这种来自于生态环境的自然阻力,空间开发的过程就是不断克服生态阻力、创造人工格局的过程。生态阻力表现在区域各种生态要素如农田、森林、草地、河流、湖泊、湿地、保护区等对空间开发的适应性等级上。空间开发建设首先要克服这些自然生态要素的阻力,地形坡度大、地质构造复杂地区对空间开发的阻力要明显大于地形平坦、地质条件好的地区,而各类水体、湿地、保护区等因是区域生态环境功能正常发挥的敏感地区,生态阻力则相应增大。因此,生态阻力代表了自然生态环境对空间开发的一种适宜性程度,空间单元的自然资本数量和类型越多,空间镶嵌结构越复杂,就越不适宜开发,其生态阻力越大,反之生态阻力越小。

这样,通过引入空间质点假设和空间单元机会平等假设,在参考经典力学中运动物体受力分析原理的基础上,把国家指导原则中的开发密度因素项一分为二,并根据强可持续发展的理论引入生态阻力的概念,得到区域规划空间单元在空间开发中所受到的四个基本作用力为承载力、潜力、压力、阻力,由此即可构建基于空间单元综合受力分析的区域主体功能区规划决策概念模型为:空间超维作用力模型,即"承载力—潜力—压力—阻力"模型。为形象化的表示空间质点所受到的四种基本作用力,借鉴图3-3,把支撑平面变为区域自然生态本底,得到空间质点的受力分析图(如图3-4所示)。

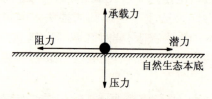

图3-4 空间质点受力分析图

2)模型分析

承载力和潜力是两种最基本的作用力,承载力代表了由资源环境组成的自然系统对空间开发的内部支撑能力,潜力代表了以人为主体的经济社会系统在空间开发上的能力和外部支撑力。二者相互作用构成了区域"人—自然"复杂系统,相互耦合成为空间开发的前向推动力,对区域经济社会发展起到促进作用。而压力和阻力则是在承载力和潜力的基础上,人和自然通过空间开发而衍生出的两种基本作用力。假设区域不进行空间开发,那么将会停止资源能源的开发利用和向自然环境排放废弃物,也就不会再产生新的压力和阻力。显然这种假设不可能出现,除非人类愿意回到原始社会,那么空间开发、资源利用、废弃物排放都将不可避免,因此压力和阻力也就不可能消失。另一方面,在快速城镇化和工业化的空间开发过程中要大量消耗各种自然资本,在自然资本没消失之前,由于其具有的"生态惯性"会对空间开发产生生态阻力,而自然资本消失后会产生各种生态环境问题并反作用于人类经济社会系统形成环境压力。所以压力和阻力可相互耦合成为空间开发的后向阻滞力,对区域经济社会发展起到限制和约束作用。因此,前向推动力可以理解为区域空间单元进行空间开发的总潜力,后向阻滞力可以理解为区域空间单元进行空间开发的总阻力。

承载力代表了资源环境对空间开发的支撑能力,潜力代表了经济社会对空间开发的支撑能力,压力代表了环境对空间开发的作用力,阻力代表了自然生态本底对空间开发的"生态惯性"大小。进一步分析,承载力和压力构成了一对相反的作用力,承载力表示了一种资源环境支撑空间开发的客观上的极限水平,压力表示了一种空间开发对环境造成的负荷水平。空间质点所受承载力和压力好比建筑物中楼板和其上荷载的关系。楼板有一个客观的最大承重量,当人和物的总荷载小于其承载力时,楼板是安全的,能正常满足人们的工作生活需求;当总荷载超过了其承载力时,楼板将发生结构破坏而产生裂缝乃至垮塌。在空间开发之始,区域的承载力一般较大,随着开发密度和强度的加大,压力随之增大,但只要在承载力的范围内开发仍然可以继续。当压力超过了承载力时,就会产生各种生态环境问题而引起危机乃至生态系统崩溃,空间开发也将不可持续。

潜力和阻力构成了另外一对相反的作用力,潜力表示了一种经济社会支撑空间开发的主观上的极限能力,阻力从客观上表示了自然生态本底对空间开发的适宜性程度。潜力和阻力好比人拉着物体在地面上行走的关系。人的体能状况决定了他能够对物体施加的最大拉力,地面的光滑程度决定了摩擦阻力的大小。当拉力一定,阻力越小时运动速度越快,反之越慢;当阻力一定,拉力越大时运动速度越快,反之越慢。此处,人的体能状况等同于经济社会潜力,摩擦阻力等同于生态阻力,当空间质点的潜力一定,阻力越小时越适宜开发,反之越不适宜;当阻力一定,潜力越大时越适宜开发,反之越不适宜。从理论上看,潜力或阻力都可以无限大或无限小,二者不具有承载力和压力之间的"极限"效应,即一种力超出了另一种力的极限时将导致系统失衡或崩溃,但是潜力和阻力之差将表示生态环境对空间开发的客观适宜性程度或经济社会在空间开发上的主观能力大小。

如同运动中的物体,区域空间单元在空间开发中也要受到四种基本作用力。基本作用力及其合力将决定空间单元的运动状态,运动状态又将决定空间单元的空间开发状态。因此,空间开发要量力而行,要通过受力分析来决定空间单元的空间开发状态,进而实现四类主体功能区的科学规划。

区域主体功能区是区域资源环境、经济、社会多因素综合作用的结果,在进行规划时要全面、综合考虑这些影响因素。在经典力学定律和强可持续发展理论的支持下,通过对区域空间单元和空间开发的假设和抽象,从区域空间开发所受到的基本作用力出发并紧密结合国家关于区域主体功能区规划的最高指导原则,得到了基于"承载力—潜力—压力—阻力"的空间超维作用力模型,从而构建了区域主体功能区规划决策的概念模型。模型不仅充分体现了"资源环境承载力、现有开发密度和发展潜力"的国家要求,而且引入了基于强可持续发展理论和空间开发适宜性的生态阻力,是对国家原则的充实和补充。由此,可以在规划时全面而定量的综合考虑各种影响因素,并且通过把开发密度一分为二而避免了因素信息的交叉和重叠,具有更好的区分度,对于区域这一复杂系统的分析更为彻底,从而提高规划的科学性与合理性,使得规划结果具有更高的指导意义。上述区域主体功能区规划决策概念模型构建过程如图3-5所示。

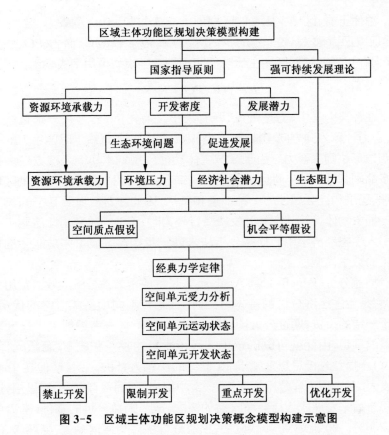

图 3-5 区域主体功能区规划决策概念模型构建示意图

3.4 区域主体功能区规划决策数学模型

数学模型是对现实世界的某一特定对象,为了某个特定目的,作出一些必要的假设和简化,运用适当的数学工具而得到的一个数学结构或数学表达式,用以解释特定现象的现实状态、预测对象的未来状态以及提供处理对象的最优决策或控制(程建权,1999)。简言之数学模型定量描述了系统构成元素之间的关系,是概念模型的延伸和升华。

在得到区域主体功能区规划决策概念模型后,下面就是构建相应的数学模型以求出四种作用力及其合力,从而得到一个综合划分指数(Integrated Planning Index,IPI),然后利用 IPI 实现四类主体功能区的规划。

总体上看,区域主体功能区规划决策概念模型包含承载力、潜力、压力和阻力四个变量,空间质点所受合力 F 为承载力 C、潜力 PO、压力 PR、阻力 R 的函数,区域主体功能区规划数学模型可用下式表示:

$$F = f(C, PO, PR, R) \tag{3-1}$$

在经典力学中,力是矢量,既有大小又有方向,当力在一条直线上时,合力计算为同方向相加,反方向相减;不在一条直线上时要用力的平行四边形法则求合力。由于区域主体功能区规划本质上是建立在多指标多准则基础上的一种区域国土空间综合评价,四个基本作用力是区域自然、经济和社会属性的一种抽象和概括,因此在对区域及其空间单元这一抽象物体计算其空间开发所受合外力时,不能简单套用此法则。本书引入生态经济学中的损益分析法来进一步构建区域主体功能区规划决策的数学模型。

损益分析(Benefit-cost Analysis),又称成本效益分析或效益费用分析,它是生态经济分析的基本方法,用来比较不同项目或方案的优劣。对于一定的投资,通过分析项目的收益和成本,优先考虑能提供最大净收益的项目,由此就可以确定生态环境质量的收益和成本(蒋敏元译,2002)。损益分析思想来源于19世纪的法国人杜波·伊特,他在1844年发表的《市政工程效用的评价》一文中提出了"消费者剩余"的思想,这种思想后来发展成为社会净收益的概念,成为损益分析的基础(李克国等,2003)。20世纪60年代以后,损益分析法在交通运输、资源环境、能源规划、工程建设等方面得到了广泛应用。损益分析的基本思想是:假设总收益 B 和总成本 C 是生态环境质量 U 的连续函数,且令 $N(U)$ 表示净收益,那么确定最优生态环境质量问题就是使下式最大化(蒋敏元译,2002):

$$N(U) = B(U) - C(U)$$

如前所述,在区域主体功能区规划决策概念模型中,承载力和潜力相互耦合成为空间开发的前向推动力或总潜力,压力和阻力相互耦合成为空间开发的后向阻滞力或总阻力,很明显推动力有益于空间开发,阻滞力则有损于空间开发。借鉴损益分析法的思路,承载力和潜力为某一时刻将要投入空间开发中的人、财、物即自然资本和人造资本之和;压力和阻力是为克服自然环境对空间开发的各种阻碍而将要付出的成本之和,也就是要抵消掉的那部分投入资本。空间开发的理想状态是阻滞力/成本趋于0,这样空间开发的推动力/投入资本可得到最大程度的有效使用,即真正用于空间开发的净投入最大化。基于此,空间质点所受四个基本作用力的合力可以看作区域空间开发推动力(总潜力)扣除阻滞力(总阻力)的剩余,或投入资本扣除成本后的净投入,即

$$合力=(承载力+潜力)-(压力+阻力)$$

数学表达式为

$$F=(F_C+F_{PO})-(F_{PR}+F_R) \tag{3-2}$$

定义区域主体功能区综合划分指数 IPI 等于合力的大小,因此有:

$$\text{IPI}=(F_C+F_{PO})-(F_{PR}+F_R) \tag{3-3}$$

式(3-3)即为区域主体功能区规划决策概念模型定量化的数学表达。从可持续发展的角度看,IPI 是以区域可持续发展为最终目标,在综合考虑区域自然、经济和社会的协调发展且不破坏当地生态环境的约束限制下,对区域空间单元从事空间开发的能力和条件所进行的定量测度和综合评价,可以理解为空间决策点多维向量的合力方向以及理想状况下区域空间开发可能带来的综合效益或综合价值的度量。进一步,由于模型中包含了环境压力和生态阻力,体现了空间开发过程中自然资本(至少是关键自然资本)不能减少的强可持续发展理念,因此 IPI 也表征了区域实现强可持续发展的能力。

任意一个规划空间单元按照 IPI 可以分为三种状态:推动力大于阻滞力时 IPI 大于0,表明该空间单元有能力进行空间开发,用于开发的净投入大于0,开发收益将大于开发损耗,因此适宜开发,应划为开发类的功能区;推动力小于阻滞力时 IPI 小于0,表明该空间单元没有能力进行空间开发,开发收益小于开发损耗,因此不适宜开发而应进行保护,应划为保护类的功能区;特别的,推动力等于阻滞力时 IPI 等于0,定义 IPI 为0的空间单元为"生态零点"区域;0点是划分开发类功能区和保护类功能区的分界点或质变点,是实现强可持续发展的生态阈值。IPI 为0表明空间单元处于特殊的"受力平衡"状态,投入将全部被抵消,其进行空间开发的能力/净投入为0,从实现强可持续发展的目的出发,IPI 为0的空间单元也应归入保护类的功能区中。

综上,按照 IPI 从大到小排序应该是优化开发区＞重点开发区＞限

制开发区＞禁止开发区(图3-6)。由图3-6可知,0点是划分开发类功能区和保护类功能区的分界点,A点为优化开发区和重点开发区的分界点,B点为限制开发区和禁止开发区的分界点。在A点、0点、B点三个关键点中,0点是固定不变的,是开发类功能区和保护类功能区的划分阈值点,是一个刚性的约束点。在计算得到IPI后,首先通过0点把开发类和保护类划分出来,由此解决了目前区域主体功能区规划中的"开发类和保护类的阈值确定"这一技术焦点和难点。而对于A点和B点的确定,规划者可以根据规划目的和需要而灵活设定其值。0点的固定和A点、B点的灵活确定成为区域主体功能区规划决策模型最明显的特点,由此也很好地体现了规划的刚性约束和弹性控制的有机统一。

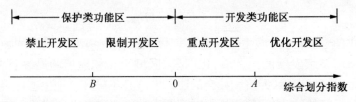

图3-6 按照综合划分指数排列的主体功能区划分顺序图

3.5 小结

本章从模型概述、模型构建理论基础、概念模型、数学模型四个方面,构建了区域主体功能区的规划决策模型。在经典力学定律和强可持续发展理论支持下,紧密结合国家关于区域主体功能区规划的最高指导原则,引入空间质点假设和发展机会平等假设,通过对区域规划空间单元进行受力分析,构建了区域主体功能区规划决策的概念模型——基于"承载力—潜力—压力—阻力"的空间超维作用力模型。借鉴生态经济学中的损益分析法,提出了计算空间单元所受基本作用力合力的方法,进而得到了区域主体功能区的综合划分指数IPI。根据IPI的大小情况,解决了目前区域主体功能区规划中的"开发类和保护类的阈值确定"这一技术焦点和难点,实现了四类主体功能区的科学规划。

4 区域主体功能区规划决策方法

在规划支持系统中,决策模型和决策方法紧密结合,互为一体,共同构成了系统的模型库子系统。只有模型而没有相应的方法,规划支持系统将不能发挥任何决策支持作用。决策方法是决策模型的一套求解算法,是一系列的数学计算方法。在构建了区域主体功能区规划决策模型后,一个重要的问题就是模型的求解算法。通过求解算法可以得到规划决策的结果,而且有了模型求解算法后就可以利用计算机语言编制程序,决策者再运行模型求解程序计算出结果,从而得到规划决策支持信息。因此,模型求解的过程既是决策模型具体应用的过程,也是规划决策的过程,模型求解算法相应构成了一套完整的规划决策方法。

4.1 概述

4.1.1 决策方法基础:多准则决策理论

决策科学是研究决策规律,提供决策方法以帮助人们进行有效决策的科学。1938年,英国OR(Operations Research)小组开创了军事运筹学研究的先河,揭开了现代决策科学研究的第一页。时至今日,现代决策理论的研究前沿集中在五大分支上,即多目标决策、多属性决策、博弈论、战略决策和情景决策(于英川,2005)。多准则决策分析(Multi-Criteria Decision Making,MCDM)有时也称为多准则评价(Multi-Criteria Evaluation,MCE)。MCDM提供了一种在多重因素、多重标准的影响下,对多个可行方案进行科学评价和决策的方法。准则是影响决策的因素和作出决策的依据,可细分为准则目标(objective)和准则属性(attribute),目标是决策者想要达到的理想状态,属性则用来度量目标的性能。相应的MCDM可以分为多属性决策(Multi-Attribute Decision Making,MADM)和多目标决策(Multi-Objective Decision Making,MODM),其区别在于决策目标的多少(Eastman,et al.,1998;Malczewski,1999)。多属性决策即是通常意义上的多准则决策,只存在一个目标；多目标决策则同时存在多个互补或冲突的目标(Carver,1991;Eastman,1999)。一般来说,多准则决策分析主要包括五个步骤(Malczewski,1999;叶嘉安等,2006):

(1) 确定问题,明确决策的目标、环境,收集资料和数据。

(2) 选择准则,要使准则尽可能完整地反映决策问题的实际情况。

(3) 确定选项和约束,给参加评价的选项赋予分值,同时这些分值要受到某种条件的约束。

(4) 准则权重计算,权重反映了每一个准则的相对重要程度和决策者的决策偏好,权重确定之后即完成了决策矩阵的构造。权重计算的方法很多,主要包括主观赋权法和客观赋权法两大类。在多准则决策中,权重既是一个重点和难点,又是一个最易产生质疑和争议的环节,目前的趋势是从准则数据本身的特点出发进行客观赋权,从而尽可能地减少人为主观因素的影响。

(5) 决策,即根据决策法则对准则的评分进行综合。在此过程中,有多种决策法则,如最常用的加权和法。至此可得到多个备选方案的综合评分,根据分值可以选择最优的方案而作出决策。

分值、权重和决策法则构成了 MCDM 的三大要素。一般的,在一个具体的决策问题中,通过"构建评价指标体系—对指标赋予分值—指标赋权—选择决策法则"即可完成一次多准则决策分析。在各种空间规划中,功能区划分就是一种典型的多准则决策问题。从 20 世纪 90 年代开始,MCDM 开始和 GIS 相结合,用于各种空间功能分区研究,特别是土地利用的适宜性分析上(Janssen and Rietveld,1990;Carver,1991;Jankowski,1995;Joerin, et al.,2001)。

区域主体功能区规划是一个复杂系统的科学决策过程,其本质是根据区域空间单元的自然、经济、社会等多个属性的相似性和差异性进行规划决策,是一种对客观事物不断深化的认识过程。对于复杂性问题应尽可能分解细化,使每一步尽可能科学严谨以减少误差,从而使决策结果不断向客观真理逼近。因此,MCDM 特别是 MADM 可以在区域主体功能区规划决策方法中得到深入挖掘和应用。

4.1.2 区域主体功能区规划决策方法总体步骤

区域主体功能区规划是理论性、实践性和科学性相融合的一项系统工程,需要建立在对大量数据和指标基础上的定性和定量相结合的综合集成分析和处理。因此,遵循多准则决策方法,基于区域主体功能区规划决策模型的决策方法可概括为:区域空间开发作用力分析—规划指标体系构建—指标分值确定—指标权重计算—指标综合—综合划分指数。空间开发状态是空间单元所受作用力的合力所决定的,因此首先要对空间单元进行受力分析;在得到基本作用力后,按照力系构建评价指标体系;采用标准化处理方法获得指标分值;采用主客观方法计算指标权重;选择决策规则实现指标的综合,从而得到一个归一化的综合划分指数IPI,最后按照IPI的大小实现四类主体功能区的规划。

由公式(3-3)可知,IPI是承载力、潜力、压力和阻力的函数,计算出四个基本作用力大小是规划决策方法的关键。从决策论角度分析,区域主体功能区规划是一个典型的建立在综合评价指标体系上的多属性决策过程,分值、权重和决策法则构成了多属性决策的三大要素。空间质点不仅是一个空间受力点,也是区域主体功能区规划的一个空间决策点,决策的目的在于根据空间质点所受的基本作用力及其合力来实现四类区域主体功能区的规划。

这样,如果把区域主体功能区规划看做一种决策空间,则这个空间内任意一个能够完成某一主体功能的空间单元就可以看成一个空间决策点,任何时刻它都要受到自然、经济、社会等空间超维力的作用(图4-1(a))。例如任何一块待开发的建设用地既可以用于居住,也可以用于工业或商业等,但是最终决定其使用方向的是其所受到的合力(图4-1(b))。如果这块待开发土地最终成为工业用地,称为使用功能的特化或唯一性。同时伴随时间的发展,若作用于其上的合力发生改变将导致其功能的改变,例如工业功能转化为居住或商业功能。

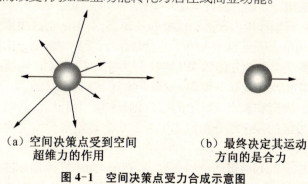

(a) 空间决策点受到空间超维力的作用 (b) 最终决定其运动方向的是合力

图4-1 空间决策点受力合成示意图

空间单元所受到的每个作用力都有大小和方向,可以看作矢量,由于它们作用于同一个空间单元,因此称为约束矢量。从这一观点出发,可以把作用于空间质点的力看作约束矢量的集合,约束矢量集合可以和一套评价指标体系相对应。通过对多属性决策三大要素分值、权重和决策规则的科学确定,得到指标标准化和综合后的绝对值即是每个力的大小;再通过确定每个作用力的权重和决策规则就可以求得作用力的合力大小,即综合划分指数 IPI,从而解决了作用力合成的技术问题,使空间单元的合力求解、IPI 计算以及主体功能的确定转化为一个典型的多属性决策问题,决策方法的总体步骤如下:

(1) 确定四种作用力为承载力、潜力、压力和阻力。其中承载力代表区域资源能源的供给能力,潜力代表区域经济、社会的发展水平,压力代表已有的区域空间开发对区域环境带来的负荷状态,阻力代表区域自然生态环境对空间开发的适宜性程度。

(2) 按照每个作用力的规定代表内容为其选取一组评价指标因子,如承载力可选取水资源、土地资源、矿产资源指标,潜力可选取人均 GDP、城市化率、人口密度指标,压力可选取废水排放量、废气排放量、固体废物排放量指标,阻力可选取高程、坡度指标等。当然此仅为一个例子,规划者可根据需要对每一个作用力更改、增加或减少相应的指标因子。

(3) 对指标数据进行标准化处理,以消除不同指标在单位量纲上的差异,使其具有同向化和可比性的特点。

(4) 采用一定的方法计算每一个作用力的每一个评价指标的权重。

(5) 在得到指标分值、权重的基础上,采用一定的决策规则计算每一个空间单元所受到的每一个作用力的大小。

(6) 采用一定的方法计算每一个作用力的权重。

(7) 在得到作用力大小和权重的基础上,采用一定的决策规则计算每一个空间单元所受到的四种作用力的合力,得到综合划分指数 IPI。

(8) 根据综合划分指数 IPI 实现四类主体功能区的规划:IPI 值从大到小排序依次是优化开发区、重点开发区、限制开发区、禁止开发区,其中优化开发区和重点开发区的综合划分指数 IPI 大于 0,限制开发区和禁止开发区的综合划分指数 IPI 小于 0,0 是划分开发类功能区和保护类功能区的分界点。

这样在多准则决策理论的指导下,遵循"构建评价指标体系—指标赋值—指标赋权—选择决策法则"的决策步骤和流程,给出了区域主体功能区规划决策模型的求解过程和规划决策方法。下面针对上述步骤中的指标体系构建、数据标准化处理、指标权重计算、决策规则选择中的具体决策技术方法进行详细分析和论述。

4.2 指标体系构建

4.2.1 构建原则

指标体系是描述、评价某种事物的可度量参数的集合,是对数据的一种抽象(赵姚阳,2006)。区域主体功能区规划是对区域地理现象和属性的高度概括和归纳,是一项复杂的、具有战略性的系统工程,涉及区域自然、经济和社会等诸多方面的因素,相关指标种类繁多、数量巨大,难以用简单的单个或几个指标进行评价,因此必须建立一个能够反映区域系统特点的科学合理、重点突出、目标明确、简明实用的综合指标体系。该指标体系是区域主体功能区规划的依据,其要尽可能地体现规划的目的和反映区域系统的空间分异规律。从国际经验看,由于区域主体功能区规划是我国的一项创新,国际上没有现成的、完整的主体功能区规划指标体系作为参考和依据,但是发达国家的一些国土空间规划指标体系仍可以给我们一些启示。如美国、欧盟的经济区划一般根据区划重点和目的选择典型的有代表性的指标,不一定非常全面和准确,但是能有一定代表性地反映了某一方面的特征即可(高国力,2007)。从国内研究和实践看,目前已有的区域主体功能区规划指标体系均是把国家三项指导原则作为一级指标,再根据规划区域特点选取相应的二级和三级指标,其指标数量有十几项至几十项不等。因此,区域主体功能区规划指标体系构建要充分利用国内外已有的生态区划、环境区划、可持续发展等相关领域指标体系的研究成果,在和国家最高原则保持基本一致的基础上,根据规划理论支撑和规划区域的自然、经济、社会特点来构建相应的指标体系。具体来说,指标体系的建立主要遵循以下原则:

(1)科学性原则。指标的选取要建立在科学的基础之上,各项指标概念明确,具有一定的科学内涵和理论依据,能较客观、真实地反映区域系统发展的状态和各指标间的联系。

(2)综合性和统一性原则。综合性即指标应能反映整个区域系统的特征,要顾及系统各重要组分;统一性包括同一指标的含义、口径范围、计算方法、计算时间等必须统一。

（3）系统性和层次性原则。区域主体功能区规划是一个具有多变量、多属性、多层次的复杂系统工程，因此要按照系统性和层次性原则，逐步分层次构建指标体系，建立包括目标层、约束层、准则层和指标层的综合指标体系。

（4）可操作性和可比性原则。可操作性是指选用的指标要有可靠的来源，应尽可能建立在现有统计体系的基础上，并确保数据的易获得性，建立的指标体系力求简明清晰，并易于操作理解，具有代表性和典型性。可比性要求有两个含义，一是在区域不同空间单元之间进行比较时，除了指标的口径、范围必须一致外，一般用均量指标或相对指标等进行比较，以体现公平性；二是在进行具体评价时，由于指标之间的单位量纲相差较大，不同类型的数据之间具有不可公度性(岳超源，2003)，为了防止大数"吞噬"小数的现象发生和反映量化值的大小，必须进行指标的标准化、归一化等方面的处理，使数据在无量纲的条件下可比。

（5）灵活性和动态性原则。指标体系作为一个有机整体是多种因素综合作用的结果，在目标层、约束层相对固定不变的情况下，由于数据获取的限制等原因，在准则层和指标层可保持一定的灵活性，为增加、减少或改变某些单项指标提供"接口"以适应规划区域的特点(傅伯杰等，1997)。不同时期区域空间开发的状况不同，当前建立的指标体系不可能是一成不变的，指标体系要随着区域未来发展的情况进行适当调整，以使评价指标更符合时代特点。因此指标体系要遵循动态性原则，要能综合反映区域空间开发的不同阶段，能较好地描述、刻画与度量未来的发展趋势。

4.2.2 指标体系建立

在建立区域主体功能区规划决策指标体系时，采用"自上而下"的指标确定方法：将区域主体功能区规划所涉及的各种复杂参数精简为四个主要的约束指标，即承载力、潜力、压力和阻力四大指标项。这四个指标各自代表区域主体功能区规划的一个重要方面，共同反映了区域资源、环境、经济、社会对空间开发的约束和限制。在此基础上，每个约束指标下细分为准则指标，这是对约束指标的具体化。最后在准则指标下又可分出具体的更小指标，在这些指标的引导下，进行基本数据的搜集和整理，从而建立指标体系。这种"自上而下"的指标确定方法，充分考虑了区域主体功能区规划的对象、战略和目标,确定了规划决策所需的功能指标和数据项目,具有较强的系统性、整体性、层次性和逻辑性。

基于以上指标体系建立原则和方法,本研究建立了包含目标层、约束层、准则层和指标层的四级区域主体功能区规划指标体系。其中目标层为区域主体功能区规划,约束层为资源环境承载力、经济社会潜力、环境压力和生态阻力 4 个约束指标(表 4-1),准则层和指标层则在四种基本作用力的代表意义范围内,根据规划区域的实际情况和数据的可获得性进行灵活选择,由此体现了规划指标体系构建的刚性和弹性相统一的特点。刚性即一定要在四种基本作用力的约束框架下选择,以体现空间开发要量力而行的原则;弹性是区域不同则具体的指标项可能或可以不同,以体现因地制宜的原则。

表 4-1　区域主体功能区规划指标体系

目标层	区域主体功能区规划
约束层	资源环境承载力 经济社会潜力 环境压力 自然生态阻力

4.3　指标数据标准化

在同一个综合评价中,评价指标由于数据性质不同,计量单位也不同,取值范围相差可能很大。同时指标分值一般具有两种特点,一是正效应指标,即指标分值越大越好;二是负效应指标,即指标分值越小越好。因此,不经过特殊处理的评价指标不能直接进行相互比较,这就需要一种方法使所有指标转换成可以统一比较的数值。数据标准化就是采用一定的数学变换方法消除原始指标量纲影响,使原始数据的分值转换成一种统一的计量尺度,从而使不同性质的数据具有可比性。经过标准化处理后的数据具有同向性的特点,即指标分值越大,反映指标属性质量越好。标准化处理有线性标准化方法和非线性标准化方法两大类,但本着遵循简易性的原则,能够用线性方法的就不用非线性方法,如折线型标准化方法或曲线型标准化方法。因为,非线性标准化方法并不是在任何情况下都比线性方法精确,同时非线性标准化方法中的参数选择又有一定的难度(马立平,2000),因而线性标准化方法是最基本、最为常用的方法。常用的线性标准化方法有极差标准化法、标准差标准化法等,具体计算方法如下:

(1) 极差标准化

正效应指标的计算公式为

$$x_i = \frac{x - x_{\min}}{x_{\max} - x_{\min}} \qquad (4-1)$$

负效应指标的计算公式为

$$x_i = \frac{x_{\max} - x}{x_{\max} - x_{\min}} \qquad (4-2)$$

式中,x_i 是指标的标准化结果值;x 是原始指标值,$x_{\max}$ 是原始指标中的最大值,$x_{\min}$ 是原始指标中的最小值。

标准化后的数据都是没有单位的纯数值,最大值为 1,最小值为 0,所有数值在 0~1 之间。极差变换适合于量纲和数量大小不一致的连续型数据。

(2) 标准差标准化

计算公式为

$$x_i = \frac{x - \bar{x}}{s} \qquad (4-3)$$

式中,x 是指标的标准化结果值;$\bar{x}$ 是原始指标值;s 是原始指标的标准差。

标准化后的数据也是没有单位的纯数值,均值为 0,标准差为 1。

极差标准化法和标准差标准化法各有特点。一般来说,极差法对指标数据的个数和分布状况没什么特殊要求,转化后的数据都在 0~1 之间,而且标准化后的数据相对数性质较为明显,便于做进一步的数学处理。而标准差标准化法一般在原始数据呈正态分布的情况下应用,其转化结果超出了 0~1 区间,存在着负数,有时会影响进一步的数据处理。

指标数据标准化要根据客观事物的特征及所选用的分析方法确定。一方面要求尽量能够客观地反映指标实际值与事物综合发展水平间的对应关系,另一方面要符合统计分析的基本要求。同时不同的评价目的对数据标准化方法的选择也会不同。如果评价是为了排序和选优,而不需要对评价对象之间的差距进行深入分析,那么无论是什么标准化方法,都不会对评价结果产生影响。此意味着以排序和选优为主的综合评价对标准化方法是不敏感的,也可以说多属性决策对数据标准化方法不敏感(俞立平等,2009)。区域主体功能区规划是建立在对区域系统进行综合评价基础上的多属性决策,其规划决策结果是对空间单元的综合划分指数 IPI 进行排序,鉴于极差标准化法便于进一步的数学处理,因此本书中的数据标准化方法均采用极差标准化法。

4.4 指标权重计算

权重反映了在相同目标约束下各个指标的相对重要性和决策者的决策偏好,权重计算过程是指标数据客观信息和决策者主观信息综合交互的过程,反映了指标之间相互影响、相互制约的复杂关系。在多属性决策中,科学合理地确定指标权重是决策结果是否准确、可行的关键问题之一,也是研究的热点和难点。区域主体功能区规划中涉及较多的指标因子,在计算各个作用力以及求解合力时都遇到了权重计算的问题。因此,尽可能地采用先进方法以减少人为因素带来的计算误差,从而使指标权重最大限度地逼近指标数据的客观本原是本研究的重点之一。

总体上看,根据指标权重确定的主体,权重计算方法可以分为主观赋权法和客观赋权法两大类(王中兴和李桥兴,2006)。主观赋权法是基于决策者的经验、认识、直觉和偏好对指标进行赋权。针对不同决策者的不同思维方式可以有不同的主观赋权方法,常用的有排序法、层次分析法、自定义法等。客观赋权法则基于指标数据本身的差异程度以及这种差异对评价对象比较作用的大小来对指标进行赋权(郭亚军,2002)。针对求解这种指标差异的方法可以得到不同的客观赋权法,目前常用的有主成分分析法、因子分析法、熵值法、变异系数法等。相对于主观赋权法,客观赋权法直接利用评价指标样本数据本身的特点得到指标权重(曾珍香和顾培亮,2000),可以有效排除决策者主观随意性的干扰,具有较强的优势。

4.4.1 主观赋权

1) 排序法

排序法是最简单的权重确定方法。其是将每一个指标按照决策者认为的重要性和需要优先考虑的顺序排列,再根据排列顺序采用标准数量化来获得指标权重。排序法的优点在于其简单、易用,缺点是人为主观因素较大,而且易受到指标数量的影响,一般只适用于指标数较少的

情况。排序法的具体权重计算又可以分为三种方法,包括求和法、倒数法和指数法。其中求和法最为常用,其计算公式为

$$W_j = \frac{n - r_j + 1}{\sum (n - r_k + 1)} \tag{4-4}$$

式中,W_j 为第 j 个指标的标准化权重;n 为总指标个数;r_j 为指标 j 在重要性排序中的位置,$(n - r_k + 1)$ 为每一个指标的权重,对其求和再得到每个指标的标准化权重。

2) 层次分析法

层次分析法(Analytical Hierarchy Process,AHP)是美国运筹学家萨得(T. L. Saaty)在 20 世纪 70 年代提出的一种定性和定量相结合的分析方法,较适合处理那些难以量化的多目标、多层次的复杂问题,较好地体现了系统工程学定性与定量分析相结合的思想。其主要特征是:它合理地将人们对复杂问题的求解过程按照思维、心理的规律层次化、数字化,把以人的主观判断为主的定性分析定量化,将各种判断要素之间的差异数值化,帮助人们保持思维过程的一致性,为复杂问题的分析、评价、优选提供科学的定量决策依据。AHP 方法以其定性与定量有机结合以及简洁灵活、实用系统的优点,迅速在经济社会各个领域内得到广泛应用,是复杂问题决策的重要理论和方法之一(Saaty,1980;刘兴堂和吴晓燕,2001)。

层次分析法的基本出发点是:在一般的决策问题中,针对某一目标,较难同时对若干因素相对于目标的重要性以数量来表示,但它却较容易对任意两个因素作出精确判断,并能给出相对重要性之比的数量关系。设有 N 个因素,对任意两个因素 i 和 j 进行比较,C_{ij} 表示相对重要性之比,则由 $C_{ij}(i,j=1,2,\cdots,N)$ 构成一个判断矩阵 $C=(C_{ij})_{NN}$,矩阵 C 实际上是对定性思维过程的定量化。层次分析法主要步骤见图 4-2。

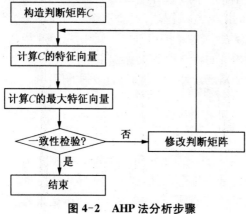

图 4-2　AHP 法分析步骤

(1) 构造判断矩阵

人们定性区分事物的能力可用 5 个属性很好地表示,即相等、弱、很弱、很强、绝对强,当需要较高精度时,可取 2 个相邻之间的值,这样得到 9 个数值即 9 标度(心理学表明,人们每次至多只能对 7±2 个事物同时进行比较)。为此,Saaty 设计了范围 1~9 的标度(表 4-2),对任意两个因素的相对重要性之比作出判断,给予量化并写成矩阵形式,得到判断矩阵 C。

表 4-2 AHP 的 9 标度判断规则

标度	定义(比较因素 i 与 j)
1	因素 i 和 j 一样重要
3	因素 i 比 j 稍微重要
5	因素 i 比 j 较强重要
7	因素 i 比 j 强烈重要
9	因素 i 比 j 绝对重要
2,4,6,8	两相邻判断的中间值
倒数	比较因素 j 与 i 时

(2) 求 C 的最大特征值及特征向量

解判断矩阵 C 的特征方程 $|C-I\lambda|=0$,I 为单位方阵,特征方程的最大特征值为 λ_{max},对应于 λ_{max} 的标准化特征向量为 $Y=(y_1,y_2,\cdots,y_n)^T$,则 $y_i(i=1,2,\cdots,n)$ 为因素 C_i 对目标的权重。

在通常的决策问题中,决策者不可能对因素之间的相对重要性之比作出绝对精确的判断,而 AHP 法求出的权重实际上仅是表达某种定性的概念,所以一般并不需要很高的精度,可利用一些简便的近似解法求解特征向量(权重)及最大特征值,如方根法、和积法和幂法。本书采用方根法求解,具体过程如下:

① 计算判断矩阵 C 每行元素乘积的 n 次方根

$$\overline{A_i}=\sqrt[n]{\prod_{j=1}^{n}C_{ij}}\,(i=1,2,\cdots,n) \quad (4-5)$$

② 对向量 $\overline{A}=(\overline{A_1},\overline{A_2},\cdots,\overline{A_n})^T$ 作正规化、归一化处理

$$A_i=\frac{\overline{A_i}}{\sum_{i=1}^{n}\overline{A_i}} \quad (4-6)$$

则 $A = (A_1, A_2, \cdots, A_n)^T$ 为所求的对应于最大特征值的特征向量。

③ 求最大特征值

$$\lambda_{\max} = \sum_{i=1}^{n} \frac{(CA)_i}{nA_i} \tag{4-7}$$

(3) 一致性检验

AHP 法的最大优点在于其将决策者的定性思维定量化,但是在决策过程中必须保持思维的一致性,因此在 AHP 法使用中还要进行一致性检验,用以检验在因素两两比较过程中对重要性的判断标准是否前后一致,判断矩阵是否具有逻辑上的一致性。一般在 AHP 中引入判断矩阵最大特征值以外的其余特征根的负平均值 CI 作为度量判断矩阵偏离一致性的指标。$CI = \frac{\lambda_{\max} - n}{n-1}$,当判断矩阵具有完全一致性时,$CI = 0$,$CI$ 愈大,矩阵一致性愈差。为了度量具有不同阶数的判断矩阵是否具有满意的一致性,还需要引进平均随机一致性指标 RI。RI 是用随机方法构造 500 个样本矩阵,分别对 3~9 阶各 500 个随机样本矩阵计算 CI 值而得到的平均值,Saaty 给出了 3~9 阶判断矩阵的 RI 值如表 4-3 所示。

表 4-3 RI 值标准

阶数	3	4	5	6	7	8	9
RI	0.58	0.9	1.12	1.24	1.32	1.41	1.45

1,2 阶矩阵总是具有完全的一致性。当阶数>2 时,CI 与 RI 之比称为随机一致性比率,记为 CR,当 $CR = \frac{CI}{RI} < 0.10$ 时,可以认为判断矩阵具有较为满意的一致性,所得到的 $y_i(i=1,2,\cdots,n)$ 即为因素 C_i 对目标的权重。若 $CR > 0.10$ 表示在两两比较中存在较大的不一致性,重要性判断中存在较明显的自相矛盾。此时需要重新进行相对重要性的两两比较以调整判断矩阵,直至具有满意的一致性为止。同时由数学理论还可证明,对判断矩阵的微小扰动,计算出的特征向量也仅有微小变化,即用特征向量作为排序权重不仅合理,而且具有良好的稳定性(程建权,1999)。

需要说明的是一般所说的成对明智比较法(Pairwise Comparison Method)即是层次分析法中的权重确定方法,其计算同上。

4.4.2 客观赋权

1) 传统客观赋权法的不足

排序法、层次分析法等主观赋权法可以较好体现决策者的偏好,但是弊端也是明显的,一是不同的决策者得出的结果常常差距很大,难以统一;二是当指标个数较多时就很难直接判断各个指标之间的相对重要性,即使用 AHP 法构建了判断矩阵,但其一致性检验需要反复试验和调整,非常繁琐,而且当指标因素个数很多时便难以计算。客观赋权法则有效克服了这些不足,但其数据处理工作量较大。而随着现代计算技术的发展,数据处理已经不是障碍,因此基于从数据本身特点出发的客观赋权法得到了广泛应用。总体上,客观赋权法是根据各指标在评价指标样本集中所反映的客观差异程度和对其他指标的影响程度进行赋权,即利用评价指标样本集所提供的信息来计算权重,因此可最大限度排除人为主观干扰,具有客观性、透明性和再现性。

目前常用的客观赋权法是基于传统的多元统计分析方法如主成分分析法、因子分析法、熵值法、模糊综合评判法等,虽取得了一定的进步,但面对具有众多指标的高度复杂系统时仍存在一些技术上的不足(付强,赵小勇,2006),主要包括下述三个方面:

(1) 这些传统的多元统计分析方法是建立在总体服从某种分布,比如正态分布这个假定的基础上的,这就是采用所谓的假定—模拟—检验的数据分析法。而实际中许多数据偏离正态分布,结果就有可能发生畸变,需要用稳健的或非参数方法来解决。

(2) 对于有众多指标构成的高维数据,存在着所谓维数祸根现象(Bellman,1961)。维数祸根是指这样一个事实:在给定逼近精度的条件下,估计一个多元函数所需的样本点数随着变量个数的增加以指数形式增长,这个结论对高维数据统计方法的影响是极其深刻的。例如,大多数的密度光滑函数是基于观察数据的局部均值,但由于"维数祸根"所引起的高维数据空间的稀疏性,为了保证精度必须找足够多的点,从而使得多元光滑函数要延伸到很远的地方而失去了局部性。所有的数据降维方法都会在某种程度上受到"维数祸根"现象的影响,使一些传统的多元统计分析方法的效用大大降低。同时随着数据维数的增高,数据的计算量迅速增大,传统的多元统计分析方法很难处理大量的数据。

(3) 传统的多元统计分析方法用于低维数据分析处理时稳健性较

好,但用于高维数据时,稳健性较差。具体来看,主成分分析法和因子分析法会丢失一部分指标信息;熵值法根据指标间的变异程度确定权重,但在实际应用中常出现各个指标权重平均化的现象;模糊综合评判的实质是对高维数据的处理,即在低维子空间中实现降维评价过程,其中的专家权重矩阵对应于各个指标的低维投影值,但专家权重矩阵是否属于各个指标在低维子空间上的最佳投影还无法确定(项静恬,史久恩,2000;付强等,2003)。

在多准则决策中要同时考虑多个甚至是大量指标,从而使决策问题变得相当复杂,决策者很难轻易作出决策。对于复杂系统的指标体系来说,这类指标数量大,维数高,使得分析评价方法,特别是传统定量方法的应用面临着很大困难,甚至无法应用。所以,传统的数据分析方法对于高维非正态、非线性数据分析时很难取得良好的效果,不能满足高维数据分析的需要,投影寻踪方法(Projection Pursuit,PP)正是在这种背景下于20世纪70年代至80年代应运而生的(Friedman and Tukey,1974;Huber,1985)。

2)投影寻踪方法的特点

作为一种新兴的、有价值的高新技术,PP是统计学、应用数学和计算机技术的交叉学科,是当今数据分析处理、数据降维研究的前沿领域。PP方法具有稳健性好、抗干扰性强、准确度高等优点,在经济社会多个领域如优化控制、预测、模式识别、遥感分类、图像处理等得到了广泛应用并取得丰富成果。

PP是用来分析处理高维非正态、非线性数据的一类稳健的先进方法,既可作探索性分析,又可作确定性分析。其基本思想是把高维数据通过某种组合投影到低维子空间上,对于投影得到的构型,采用投影目标函数来描述投影暴露出的评价对象集中同类的相似性与异类的差异性结构,寻找出使投影目标函数达到最优即最能反映原高维数据的结构和特征的投影值,从而实现数据降维,达到研究分析高维数据结构特征的目的。PP方法的主要特点如下:

(1) PP方法能成功克服高维数据的"维数祸根"所带来的严重困难,通过投影把数据分析建立在低维子空间上,可以排除与数据结构和特征无关的或关系很小的变量的干扰,从而发现数据在投影空间上的结构和特征。

(2) PP方法用一维统计方法解决高维问题,通过投影将高维数据投影到一维子空间上,再对投影后的一维数据进行分析,比较不同一维投影的分析结果,找出最佳的投影方向。

(3) PP 方法与其他非参数方法一样可以用来解决非线性问题。PP 方法的关键在于找到观察数据结构的角度,这个角度是数学意义上的线、平面维或整体维空间,将所有数据向这个空间维投影,得到完全由原始数据构成的低维特征量,从而揭示原始数据的结构特征。

3) 投影寻踪方法的计算步骤

一般的,投影寻踪方法包括如下步骤(付强等,2002;金菊良和魏一鸣,2008):

(1) 样本评价指标的归一化处理。设各指标值的样本集为 $\{x*(i,j)|i=1\sim n,j=1\sim p\}$,其中 $x*(i,j)$ 为第 i 个样本第 j 个指标值,n、p 分别为样本个数和指标数目。为了消除各指标的量纲和统一各指标值的变化范围,对于越大越好的正向指标,采用公式(4-1)进行标准化处理;对于越小越好的负向指标,采用公式(4-2)进行标准化处理。

(2) 构造投影指标函数 $Q(a)$。PP 方法就是把 p 维数据 $\{x*(i,j)|i=1\sim n,j=1\sim p\}$ 综合成以 $a=\{a(1),a(2),a(3),\cdots,a(p)\}$ 为投影方向的一维投影值 $z(i)$:

$$z(i) = \sum_{j=1}^{p} a(j)x(i,j) \tag{4-8}$$

式中,a 为单位长度向量。

然后根据 $\{z(i)|i=1\sim n\}$ 的一维散布图进行分类。

在综合投影指标值时,要求投影值 $z(i)$ 的散布特征为:局部投影点尽可能密集,最好凝聚成若干个点团;而在整体上投影点团之间尽可能散开,这样能够最大限度暴露和揭示原始高维数据由差异性和相似性构成的结构特征。因此,投影指标函数可以表达成:

$$Q(a)=S_z D_z \tag{4-9}$$

式中,S_z 为投影值 $z(i)$ 的标准差;D_z 为投影值的局部密度,即

$$S_z = \sqrt{\frac{\sum_{i=1}^{n}[z(i)-E(z)]^2}{n-1}} \tag{4-10}$$

$$D_z = \sum_{i=1}^{n}\sum_{j=1}^{n}[R-r(i,j)]u[R-r(i,j)] \qquad (4\text{-}11)$$

式中，$E(z)$ 为序列 $\{z(i)|i=1\sim n\}$ 的平均值；R 为局部密度窗口半径，它的选择既要使包含在窗口内的投影点的平均个数不能太少，又不能使它随着 n 的增大而增加太高，R 可根据实验来确定，一般可取值 $0.1Sz$；$r(i,j)$ 表示样本之间的距离，$r(i,j)=|z(i)-z(j)|$；$u(t)$ 即 $[R-r(i,j)]$ 为一单位阶跃函数，当 $t \geq 0$ 时，其值为1，当 $t<0$ 时，其值为0。

(3) 优化投影指标函数。当各指标值的样本集给定时，投影指标函数 $Q(a)$ 只随着投影方向 a 的变化而变化。不同的投影方向反映不同的数据结构特征，最佳投影方向就是最可能暴露高维数据某类特征结构的投影方向，因此可以通过求解投影指标函数最大化问题来求解最佳投影方向。

最大化目标函数： $\max: Q(a)=S_z D_z$

约束条件： s.t. $\sum_{j=1}^{p} a^2(j) = 1$

这是一个以 $\{a(j)|j=1\sim p\}$ 为优化变量的复杂非线性优化问题，用传统的优化方法很难处理。因此采用模拟生物优胜劣汰与群体内部染色体信息交换机制的基于实数编码的加速遗传算法来解决其高维全局寻优问题。

遗传算法(Genetic Algorithm, GA)是模拟生物在自然环境中的遗传和进化过程而形成的一种自适应全局优化概率搜索算法。它起源于20世纪60年代对自然和人工自适应系统的研究，最早由美国密执安大学的Holland(1973)教授提出。GA是一种模拟生物自然选择和群体遗传机制的数值优化方法，有效地解决了复杂非线性组合问题和多目标函数优化问题。GA把一组随机生成的可行解作为父代群体，把适应度函数即目标函数作为父代个体适应环境能力的度量，经选择、杂交生成子代个体，子代再经过变异，优胜劣汰，如此反复进化迭代，使个体适应能力不断提高，优秀个体不断向最优点逼近，从而实现了全局优化。GA是多点、多路径搜索寻优，特别适合于常规优化方法难以处理的复杂非线性优化问题，有效克服了传统优化算法易陷入局部最优的不足，能以很大的概率找到全局最优解，因此GA是一种稳健的全局优化方法，是21世纪计算智能的关键技术之一(Holland, 1992a)。

标准遗传算法(SGA)(Goldberg, 1989; Holland, 1992b)的编码方式

通常采用二进制,即所用的编码符号集是由二进制符号 0 和 1 组成,它所构成的个体基因型是 1 个二进制编码字符串。二进制编码的优点在于编码简单,交叉、变异等遗传操作便于实现。但是其编码过程繁琐,计算量大,且精度受到字符串长度的制约,进化迭代过程缓慢,易出现早熟收敛现象。同时二进制编码不便于反映所求问题的特定知识,这样也就不便于开发针对专门问题知识的遗传运算算子。为改进二进制编码方法的这些缺点,可以采用实数编码,使个体编码长度等于其决策变量的个数。因为这种编码方法使用的是决策变量的真实值,所以也叫真值编码方法。实数编码具有以下几个优点(付强和赵小勇,2006):

① 适合于在遗传算法中表示范围较大的数;② 适合于精度要求较高的遗传算法;③ 便于较大空间的遗传搜索;④ 便于遗传算法与经典优化方法的混合使用;⑤ 便于设计针对专门问题的知识型遗传算子;⑥ 便于处理复杂的决策变量约束条件。

设求解如下最小化问题

$$\min f(x)$$
$$\text{s. t. } a(j) \leqslant x(j) \leqslant b(j)$$

则基于实数编码的加速遗传算法(Real-coded Accelerating Genetic Algorithm,RAGA)包括以下几个步骤(付强等,2002;金菊良和魏一鸣,2008):

① 在各个决策变量的取值变化区间$[a_j, b_j]$生成 N 组均匀分布的随机变量$V_i^{(0)}(x_1, x_2, \cdots, x_j, \cdots, x_p)$,简记为$V_i^{(0)}$,$i=1 \sim N$,$j=1 \sim p$,$N$ 为种群规模,p 为优化变量的个数。$V_i^{(0)}$代表父代染色体。

② 计算目标函数值。将步骤①中随机生成的初始染色体$V_i^{(0)}$代入目标函数,求出对应的函数值$f^{(0)}(V_i^{(0)})$,按照函数值的大小将染色体进行排序,形成$V_i^{(1)}$。

③ 计算基于序的评价函数(用 Eval(V) 表示)。评价函数用来对种群中的每个染色体 V 设定一个概率,以使该染色体被选择的可能性与其种群中其他染色体的适应性成比例。染色体的适应性越强,被选择的可能性也越大。设参数$a \in (0,1)$,定义基于序的评价函数为:Eval(V_i)$=a(1-a)^{i-1}$,$i=1,2,\cdots,N$。$i=1$ 说明染色体最好,$i=N$ 则最差。

④ 选择操作(selection),根据各个个体的适应度,从中选择出一些优良的个体遗传到下一代群体中,生成第 1 个子代群体$V_i^{(2)}$。

⑤ 对步骤④产生的新种群进行交叉操作(crossover),将群体内的各个个体随机搭配成对,对每一对个体以交叉概率来交换它们之间的部分染色体,产生新的种群 $V_i^{(3)}$。

⑥ 对步骤⑤产生的新种群进行变异操作(mutation),对其中的每一个个体,以变异概率改变某一个或某一些基因座上的基因值为其他的等位基因,产生新的种群 $V_i^{(4)}$。

⑦ 进化迭代。由步骤④~步骤⑥得到的子代染色体 $V_i^{(4)}$,按其适应度函数值从大到小进行排序,算法转入步骤③,进入下一轮进化过程,重新对父代群体进行评价、选择、交叉、变异,如此反复进化迭代,直到最后。

⑧ 加速。上述 7 个步骤构成标准遗传算法(SGA),但 SGA 不能保证全局收敛性。在实际应用中常出现在远离全局最优点时 SGA 即停止寻优工作(金菊良和丁晶,2000)。因此可以采用第 1 次、第 2 次或第 3、第 4 次进化迭代所产生的优秀个体的变量变化区间作为变量新的初始变化区间,算法进入步骤①,重新运行 SGA,形成加速运行,则优秀个体区间将逐渐缩小,与最优点的距离越来越近。直到最优个体的优化目标函数值小于某一设定值或算法运行达到预定加速次数,结束整个算法运行。此时将当前群体中最佳的个体指定为 RAGA 的结果。

上述 8 个步骤构成基于实数编码的加速遗传算法(RAGA)。

在 PP 模型中把投影指标函数 $Q(a)$ 作为目标函数,利用实数编码的加速遗传算法求其最大值,把各个指标的投影 $a(j)$ 作为优化变量,在 Matlab 软件中编程并运行 RAGA 的上述 8 个步骤,即可求得最佳投影方向 $a(j)$。

(4) 对求得的最佳投影方向 $a(j)$ 进行归一化处理,得到各个指标的权重。最佳投影方向 $a(j)$ 实质上反映了各个指标对系统差异的贡献大小以及对综合评价结果影响的重要程度,因此对 $a(j)$ 进行归一化后即是各个指标的权重。

区域主体功能区规划涉及大量的指标数据,而不同的指标在进行综合时必须解决其权重问题,指标权重计算的科学、客观、合理将极大地影响着规划结果的有效性。因此,在传统的权重计算方法基础上,有必要采用当前最新的科学计算模型和方法,以尽可能地逼近区域复杂系统的客观本原。同时区域主体功能区规划关系到区域未来发展的战略走向,事关重大,从主观和客观两个方面来说都需要更先进的技术方法来处理众多的指标数据,以便从中发现区域系统的结构性特征,从而为规划提供最大限度的科学决策支持。因此,本书在对指标客观赋权时将采用基于 RAGA 的 PP 方法,以避免人为主观赋权和传统客观赋权方法的不足,尽可能客观公正地反映各个指标对规划空间单元的重要性程度,适应区域主体功能区规划对先进技术方法的迫切要求,从而使规划结果具有更高、更科学的指导意义和价值。

4.5 决策规则

在多属性决策过程中,在指标体系建立、指标标准化分值确定、指标权重计算后,余下就需要使用合适的决策规则综合量化这些要素,得到决策结果。综合量化的方法是从指标层到准则层,再到约束层,最后到目标层复合形成一个具体的数值,即进行综合评价。这种综合量化的方法就是决策规则,它是对指标分值、权重进行综合的程序或约束,由此集中指标数据的信息和决策者的决策偏好,从而形成总的决策结果。对于区域主体功能区规划来说,运用决策规则将得到各个作用力的大小和合力大小,也即综合划分指数 IPI。

常用的决策规则有线性加权和法、乘法加权综合法、协调法、模糊综合评价法等,其中线性加权和法(Weighted Linear Combination, WLC)是最常用的多属性决策规则方法,也是目前广泛应用的一类系统评价和结构优化方法(李满春和余有胜,1999)。线性加权和法是自然界中基本要素综合作用的普遍规律,即组成某个现象的基本要素对该现象的贡献率是不同的。该法具有过程简单、易于理解的优点,便于横向和纵向的对比分析。同时该法也是结合 GIS 进行多属性决策分析中使用最多、最广的决策规则(Eastman, et al., 1995;Malczewski,1999),可以直接使用 GIS 的空间叠合功能实现,此点为各种空间规划决策分析、规划支持系统开发提供了极大的方便,这也是其在规划领域中使用广泛的原因之一。

设有 m 个参评对象,n 个评价指标,则线性加权求和法的数学表达式为

$$A_i = \sum_{j=1}^{n} w_j x_{i,j} \qquad (4\text{-}12)$$

式中,A_i 为第 i 个参评对象的综合得分;w_j 是第 j 个指标的权重;

$x_{i,j}$ 为第 i 个参评对象在第 j 个指标下的标准化分值，$i=1,2,\cdots,m,j=1,2,\cdots,n$。

对得到的所有对象得分进行排序，A_i 值的大小直接反映了综合评价的结果。本书采用线性加权求和法作为区域主体功能区规划的决策规则。

4.6 生态阻力计算

如前所述，生态阻力反映了区域生态环境对空间开发的生态适宜性程度或等级，因此生态阻力计算可以从空间开发的生态适宜性评价出发。所谓生态适宜性(ecological suitability)是指生态系统对人类活动的适宜程度，此意味着生态系统在遇到干扰时，生态环境问题出现的概率大小。越适宜，则出现问题的概率越小，反之越大。生态适宜性是评价生态系统健康活力、恢复力和生态功能区划的重要指标，进行生态适宜性评价，是解决生态环境问题、维持生态安全、保护生态系统的行之有效的方法(欧阳志云等，2000)。

土地是人类经济社会的物质载体，也是空间开发的基础和作用对象，因此空间开发生态适宜性评价的核心就是土地对空间开发的生态适宜性，其目的就是要分析论证区域土地对空间开发是否适宜及适宜的程度。土地利用生态适宜性评价是把生态规划的思想和方法运用于适宜性评价，通过生态要素对给定土地利用方式的适宜性程度进行评价。美国景观规划师麦克哈格被誉为生态规划的奠基人(McHarg，1969)，创立了近代生态适宜性评价的理论方法基础(Steinitz, et al.，1976)。而近十年来伴随 GIS 的引入，大大推动了适宜性评价技术的应用和发展，使其成为现代城市规划、区域规划、旅游规划、资源保护和景观规划等领域中极为重要的分析手段(Jankowski and Richard，1994；Lu and Zong，1996；Malczewski，1999)。

21 世纪以来，中国的快速城镇化和工业化引发建设用地急剧扩展，对城市和区域的生态平衡造成巨大压力(何书金和苏光全，2001)。为此，国家"十一五"规划首次提出将国土空间划分为优化开发、重点开发、限制开发和禁止开发四类主体功能区，分区实施不同的区域政策。显然，土地利用生态适宜性评价从方法论的角度，对于我国正在加紧推进的区域主体功能区规划具有较重要的实用价值(宗跃光等，2007)。

从实现强可持续发展的观点看,自然资本不能在空间开发过程中减少,至少是关键自然资本不能减少。因此通过区域土地利用对空间开发的生态适宜性分析和评价,把那些适宜性等级低的空间区域作为关键自然资本保护起来,这些区域是对区域总体生态环境起着决定作用的生态要素和生态实体,如林地、耕地、水体等。这些实体和要素对内外干扰具有较强的恢复功能,其保护、生长、发育的程度决定了区域生态环境的质量。因此这些区域对空间开发的生态阻力较大,要进行限制开发或禁止开发;而那些适宜性等级高的空间区域则对空间开发的生态阻力较小,因此可以进行空间开发。

总体上,土地利用生态适宜性评价就是在综合分析生态因子(生态要素和生态实体)的基础上,研究生态适宜性的区域内部差异,并对这种差异进行分等定级,从而为合理利用有限的土地资源提供依据,这是进行国土空间分析评价和区域主体功能区规划的一项重要的基础性工作(宗跃光等,2007)。最初的生态适宜性分析都采取人工作图的方式,如广泛使用的由麦克哈格创立的要素叠加法。但是要素叠加法忽视了因素之间的差异性和重要性等级,而且当时是手工操作又无加权存在,若涉及的因素较多,工作起来就相当麻烦和费时。因此,最能克服要素叠加法缺陷的是 GIS 技术辅助的适宜性分析方法,又叫线性组合法、因素组合法或多变量决策分析等,把适宜性分析方法推上了一个新台阶(Malczewski,2004)。一般的,基于 GIS 的生态适宜性评价步骤如下:

(1) 构建适宜性评价的指标因子体系,如地形、地貌、水体、植被、保护区等区域生态要素和生态实体,进而通过对研究区遥感影像的解译得到相应指标因子的空间数据。

(2) 每个因子对应 GIS 中的一个空间数据图层,对其进行不同等级的缓冲区分析,并进行因子内部的适宜性等级赋值。评价值一般分 5 级,用 9、7、5、3、1 代表用地适宜性的高低,对于划分等级较多的因子,可采用 8、6、4、2 作为中值。

(3) 确定每个因子的权重,可采用 AHP 法求解因子权重。

(4) 在 GIS 平台上对因子进行空间叠加综合,得到适宜性评价结果。

从定量化的角度看,生态适宜性评价是一组变量按照一定规则组合后形成的新的评价等级,适宜性评价方法的基本表达形式可以用下式表示:

$$s = f(x_1, x_2, x_3, \cdots, x_i) \tag{4-13}$$

式中，s 为生态适宜性等级，$x_i(i=1,2,3,\cdots,n)$ 是用于评价的一组变量。

目前常用的基本模型是权重修正法：

$$S = \sum_{i=1}^{n} W_i X_i \tag{4-14}$$

式中，S 为生态适宜性等级；X_i 为因子值；W_i 为因子权重。

在区域主体功能区规划决策模型中，生态阻力和生态适宜性呈反比关系，即适宜性等级越高阻力越小，反之越大。因此，生态阻力为

$$F_R = 1 - S^* \tag{4-15}$$

式中，F_R 为生态阻力；S^* 为标准化后的适宜性等级值，标准化方法采用极差法。

这样，以生态适宜性评价技术为基础和中介，利用遥感和 GIS 的空间信息提取与分析方法，完成了区域主体功能区规划决策模型中的生态阻力计算，同时也为在区域主体功能区规划中有机引入和应用遥感、GIS 等现代空间信息技术提供了一种可行的方法和思路。

综上，区域主体功能区规划决策模型的数学求解方法为：

(1) 指标标准化用极差标准化法。

(2) 指标权重用主观、客观组合赋权法。主观赋权采用 AHP 法，客观赋权采用基于实数编码加速遗传算法的投影寻踪方法。

(3) 利用公式(4-12)的线性加权求和法分别计算每一个空间单元所受到的承载力、潜力和压力的大小。

(4) 利用公式(4-14)的生态适宜性评价技术计算空间单元对空间开发的适宜性等级，利用公式(4-15)计算空间单元受到的生态阻力。

(5) 利用 AHP 法计算承载力、潜力、压力和阻力的权重。

(6) 计算每一个空间单元的综合划分指数 IPI 为

$$\text{IPI} = (W_C F_C + W_{PO} F_{PO}) - (W_{PR} F_{PR} + W_R F_R) \tag{4-16}$$

式中，F_C、F_{PO}、F_{PR}、F_R 分别为承载力、潜力、压力和阻力；W_C、W_{PO}、W_{PR}、W_R 分别是对应各个作用力的权重，$W_C + W_{PO} + W_{PR} + W_R = 1$。

4.7 情景规划分析

在公式(4-16)中,当四个基本作用力一定时,由于其权重的存在,使得 IPI 的值具有不确定性,这直接影响到四类主体功能区规划的结果。针对这一情况,本书在区域主体功能区规划中引入了情景规划分析法。目前,情景规划分析法在区域主体功能区规划中的研究还不多见,因此本研究可以说探讨了情景规划分析法的一种新的应用领域。

由前述知,规划支持系统 PSS 一个最重要的特点就是其与情景规划分析(Scenario Planning)紧密相连。情景规划分析作为研究未来不确定状况的一种管理决策工具,是一种在复杂的、不确定的外部环境中分析问题、制定战略的有效方法,是现代决策科学研究的前沿领域之一,自 1970 年提出以来就一直引起人们的广泛关注(Postma,2005)。情景是指未来状况以及能使事态由现在向未来发展的一系列状态,情景规划就是采用科学手段对未来的状态进行描述和分析。由于未来发展存在不确定性,因此情景规划描述的是某种事态未来几种最可能的发展轨迹,是构筑在从现在到未来状况进行分析基础上的一整套逻辑推理过程(Schwartz,1991;宗跃光等,2007)。

2000 年以来,有关情景规划的应用研究依然十分活跃。如采用情景规划来确定水资源管理中的情景分析过程和参数(Pallottinoa, et al.,2005),利用情景规划分析法分析区域土地利用的不同情景变化(Roettera, et al.,2005;张永民和赵士洞,2004),环境规划中的情景分析研究(刘永等,2005),基于情景分析法的城市发展模式研究(赵同谦等,2004)。此外,情景分析法还应用到了微观领域,如情景分析法在开发区土地置换中的应用研究(宗跃光等,2007)。

情景规划分析的核心是借助一些模型工具对各种影响因素进行定量分析,建立和确定研究对象在未来的不同发展状态和目标,并最终确定最有可能实现情景下的预测结果,根据预测结果得出不同层面的政策措施,从而为有关部门提供基于多方案对比分析的规划决策依据。在区域主体功能区规划中,进行情景规划分析的模型工具即是区域主体功能区规划的"空间超维作用力"模型,不同的发展状态和目标可以通过设置公式(4-16)中四个基本作用力的权重进行表达。而权重值是无穷尽的,得到的 IPI 值也是无穷尽的，即存在无数个情景规划结果，显然这将不能起到规划决策支持作用。所以，如何确定区域主体功能区规划中的不同情景就成为一个重要而关键的问题。这需要从区域主体功能区规划的目的和特点中找到解决办法。

区域主体功能区规划的目的是规范和协调国土空间开发格局。在空间开发过程中，开发会造成资源消耗、环境污染等各种生态危机，而一味保护则不能解决经济社会发展中的各种问题，开发和保护构成了一个基本矛盾。区域主体功能区规划就是要协调开发和保护的这种矛盾，以期在空间开发中达到开发和保护的一种平衡。而且，区域主体功能区规划的技术焦点和难点也集中在如何科学合理地确定开发和保护的类型阈值上。基于此，可以认为区域主体功能区规划的不同情景可以归为两种，其一是"保护为主、开发为辅"，其二是"开发为主、保护为辅"。

(1) 保护为主、开发为辅

强可持续发展强调关键自然资本不可减少，而对关键自然资本的保护在规划决策模型中体现为生态阻力，这要求生态阻力是实现区域可持续发展最重要的影响因素，其权重应设为最大，从而体现以保护为主的情景特点。以保护为主、开发为辅的目的是为了防止城镇摊大饼式的无序蔓延和扩张，从而在空间开发中能够有效地保护区域关键自然资本。简言之，这是一种以生态保护为主、适度开发建设的限制性开发模式。

(2) 开发为主、保护为辅

此情景下的主体功能区规划要以经济社会的发展为核心，经济社会潜力是规划决策模型中最重要的影响因素，其权重应为最大。但是此情景下的规划目的仍是要促进区域的可持续发展，因此仍要充分考虑区域资源环境承载力、环境压力和生态阻力的影响与制约。以开发为主、保护为辅的目的是为了满足区域空间开发对建设用地快速增长的需求，从而大力推进区域的城镇化发展战略，实现区域经济社会又好又快的发展目标。和前一种发展情景相反，这是一种以开发建设为主、适度保护的促进性开发模式。

这样，紧扣区域主体功能区规划的目标和特点，运用情景规划分析的思路，可以构建区域未来的两种发展情景，将得到两套区域主体功能区规划方案，即限制性开发模式和促进性开发模式下的两种规划结果。

进一步，对于一个特定的规划区域或区域管理决策者来说，在一个时期内指导未来区域空间开发的只能有一个规划决策方案，如何从两种情景方案中确定最终的规划方案就成为下一个要作出决策的问题。这可以从两个方面进行决策分析。

（1）定性分析：区域发展战略选择

在国家发改委和中科院给出的规划指标体系中都有一个"战略选择"指标项，而且明确了对该项指标要采取定性分析。区域发展战略选择和取向指出了上一层面对区域未来发展的重大战略部署和安排。此点对于确定区域未来空间开发是以"开发为主"还是以"保护为主"至关重要。例如，在国家层面上，A区域被划为开发类功能区（优化或重点），此规划结果就成为 A 区域未来发展的一个重大战略选择和取向。那么当 A 区域再进行主体功能区规划时，显然要用"开发为主、保护为辅"的情景规划模式。反之，若被划为保护类功能区，则 A 区域要用"保护为主、开发为辅"的情景规划模式，由此可以实现不同层级的区域主体功能区规划的衔接和协调。

（2）定量分析：区域空间开发效率

IPI 是一个衡量区域空间开发能力的静态的综合评价值，而空间开发效率则是一个衡量区域空间开发能力的动态评价值，反映了区域经济社会子系统在空间开发中对投入资源的配置、利用和产出能力，是从经济学的投入产出角度进行的定量测度和评价。若区域空间开发的效率较高，说明其在空间开发过程中的投入产出效率高，能以较小的投入获得更多的产出，这显然有利于进行空间开发，可以采用"开发为主、保护为辅"的情景规划模式；反之则不利于进行空间开发，要采用"保护为主、开发为辅"的情景规划模式。

通过对区域发展战略选择的定性分析和区域空间开发效率的定量分析，决定区域具体采用哪一种的情景规划模式，从而得到最终的区域主体功能区规划决策方案。

4.8 空间开发效率计算

在4.7节中，引入区域空间开发效率计算，其主要目的是在区域主体功能区规划方案的情景规划分析中，作为确定最终规划方案的一个定量决策因素。同时还可以在规划前期分析中，通过计算一个时间段中区域空间开发的效率演变来把握区域空间开发的整体效率状况，定量测度区域空间开发的技术效率和规模效率水平。

区域主体功能区规划的目的之一在于规范空间开发秩序以形成合理的空间开发格局，"空间开发"成为贯穿规划过程的关键词之一。区域空间开发是指以一定的区域为对象，依据比较优势原则，以社会经济生态相统一的观点，通过技术、人力、资金的投入来综合开发利用区域自然资源、优化区域产业结构与空间布局、促进区域社会经济与生态环境相协调，达到经济、社会、生态三个最佳效益的统一，不断推进区域社会、经济、环境的可持续发展（衣保中，2003；韩庆华，2004）。改革开放以来，我国的区域空间开发取得了举世瞩目的成就，但随着区域经济长期高速增长和区域经济一体化进程的深入，区域空间开发过程中也出现了许多问题。如对区域内有限空间和资源的争夺日趋激烈，区域之间在产业发展、大型基础设施和土地开发等方面互不协调的事件逐渐凸现。这加剧了区域空间、经济、社会发展中的矛盾和冲突，严重影响了区域空间开发的可持续性，将导致区域竞争力下降，投资环境恶化，最终使区域严重衰退（段学军和陈雯，2005；顾朝林等，2007）。从经济学的角度看，这些区域问题可以归结为区域空间开发的效率下降或低下造成的。因此迫切需要协调区域经济、资源及生态环境，提高区域空间开发的效率，从而引导区域空间开发秩序向健康的方向发展。

从本质上看，区域空间开发也是一种经济活动，是投入各种资源获得各种产出的过程，投入和产出构成了区域空间开发的主旋律，其所要追求的同样是投入产出的"高效率"。20 世纪 90 年代以来，我国经济、社会进入一个重要而特殊的转型期，市场经济的建立和完善构成了区域空间开发的新动力，也掀起了新一轮的区域空间开发热潮。区域空间开发在我国突出的表现为区域的城镇化和工业化，其主要表现在区域城市化率迅速提高，区域中城市的规模（人口、建成区面积等）迅速扩张，各种类型的工业园区、工业开发区纷纷建成运营。扩张意味着投入和产出的大幅度增加，然而对这种投入、产出的总体效率即空间开发效率如何却知之甚少。目前的研究较多的集中在区域空间开发的理论上，如区域增长极理论、梯度理论、点—轴开发理论、非均衡协调发展理论等，这些理论从不同的角度对区域空间开发提出了不同的模式和思路（裴玮，2006）。此外对区域空间开发的区划研究也成为新的热点，如各种自然区划、生态区划、主体功能区划等。而对区域效率的研究则主要集中于某一行业在区域分布中的效率,如对区域技术创新效率的研究(池仁勇等,2004;姚伟峰等,2004),对我国煤炭产业区域分布效率的研究(李花等,2007)。

本书采用数据包络分析方法(Data Envelopment Analysis,DEA)来计算空间开发效率。DEA 模型是由美国著名运筹学家 A. Charnes 和 W. W. Cooper 等在"相对效率评价"概念基础上发展起来的一种新的系统分析评价方法,是评价具有多投入和多产出决策单元(Decision Making Unit, DMU)效率的一种非常有效的方法(Kim,1999)。1986 年 DEA 被引入我国后得到了广泛的应用,如杨开忠等(2002)对中国 30 个直辖市和省会城市的投入产出有效性进行了 DEA 评价,张军等(2007)应用 DEA 对城市交通系统的可持续发展进行评价,马晓龙等(2009)对 136 个国家级风景区的使用效率进行了 DEA 评价,郭腾云等(2009)用 DEA 对中国非农业人口在 100 万以上的 31 个特大城市的资源产出效率进行研究,张晓瑞等(2009)则运用 DEA 模型和方法对京津地区近年来空间开发效率进行了定量测度和评价。通过综合比较可知目前国内运用 DEA 研究区域空间开发效率的文献非常少,基于此,本书运用 DEA 计算空间开发的效率及动态变化、效率和投入产出之间的关系,从而揭示区域空间开发中存在的问题,以期为区域空间开发规划和政策制定提供科学理性的决策依据。

Charnes 等(1978)提出了第一个基于多投入多产出的效率评估 DEA 模型、CCR 模型,Banker 等(1984)则将 CCR 模型加以修正为 BCC 模型,BCC 模型将决策单元生产规模的可变性考虑到模型中,扩大了 DEA 模型的应用范围,使 DEA 模型趋于完善。CCR 模型和 BCC 模型是 DEA 的最为常用的两种模型,是 DEA 的基础和精华,本书运用这两种模型计算空间开发的效率。

和传统的统计方法相比,DEA 方法具有三点优势(魏权龄,2004):首先,DEA 方法以样本数据为基础,可直接从各个决策单元的实际观察资料中找出最佳的效率值;其次,在测定决策单元的相对有效性时,DEA 方法不受输入、输出数据量纲的影响;第三,DEA 是一种非参数的分析法,这种方法事先并不需要预设一个投入、产出之函数关系,从而有效避免了人为主观因素的影响。DEA 计算原理和过程如下:

假设有 n 个决策单元,每个决策单元有 m 种投入要素 $x_{ij}(j=1,$

$2,\cdots,m$),有 s 种产出 $y_{ir}(r=1,2,\cdots,s)$ ($x_{ij} \geqslant 0, y_{ir} \geqslant 0$),引入松弛变量 s^- 和 s^+,则决策单元 o 的相对效率有如下的 DEA-CCR 评价模型:

$$\begin{cases} \min\theta(0 < \theta \leqslant 1) \\ \text{s.t.} \sum_{i=1}^{n} x_{ij}\lambda_i + s^- = \theta x_{oj} (j=1,2,\cdots,m) \\ \sum_{i=1}^{n} y_{ir}\lambda_i - s^+ = y_{or} (r=1,2,\cdots,s) \\ \lambda \geqslant 0, s^+ \geqslant 0, s^- \geqslant 0 \end{cases} \quad (4-17)$$

式中,λ_i 为各个决策单元在某一指标上的权重变量。

CCR 模型是在假设决策单元为固定规模收益(Constant Returns to Scale,CRS)的情况下得到的。利用 CCR 模型计算得到的 θ 为决策单元的综合技术和规模效率值,简称为综合效率(CRSTE)。若在上式中加入约束项 $\sum_{i=1}^{n}\lambda_i = 1$,则变成了 DEA-BCC 模型,此时决策单元为变动规模收益(Variable Returns to Scale,VRS),BCC 模型计算得到的 θ 是决策单元的纯技术效率(VRSTE,简称为技术效率),由于综合效率 CRSTE 包括纯技术效率和规模效率(SE)两部分,所以 SE=CRSTE/VRSTE。SE 等于 1 时,表示决策单元正位于最合适的规模效率水平;SE 小于 1 时,则表示决策单元处于规模无效率的状态。纯技术效率表示的是当规模收益可变时,被考察 DMU 与有效生产前沿之间的距离;规模效率表示的是规模收益不变与规模收益可变的有效生产前沿之间的距离。

利用 CCR 模型和 BCC 模型可以实现对决策单元效率的综合评价,有如下结论:

(1) 当 CCR 的 θ 为 1 且 s^- 和 s^+ 都为 0 时,决策单元为 DEA 有效,表示该决策单元位于最优生产前沿面上,在原投入基础上产出已达到最优,技术和规模都有效。

(2) 当 CCR 的 θ 为 1,s^- 不为 0 或 s^+ 不为 0 时,决策单元为弱 DEA 有效。此表示原投入可减少 s^- 而保持原产出不变,或原投入不变而使产出增加 s^+。

(3) 当 CCR 的 θ 小于 1 时,决策单元为 DEA 无效,技术和规模均无效,此时可通过优化组合将投入降至原投入的 θ 倍而保持原产出不减少。θ 值越接近 1 表示该 DMU 的效率越高,反之则越低。

(4) 对于 DEA 无效的决策单元可以计算其在 CCR 有效前沿面上的投影点 (xo^*, yo^*),且 $xo^* = \theta xo - s^-$,$yo^* = yo + s^+$,则投入冗余 $\Delta xo = xo - xo^*$,产出不足 $\Delta yo = yo^* - yo$,显然投影点为 DEA 有效。

(5) 利用 CCR 模型中 λ_i 的最优解情况可以判断决策单元的规模收益情况。若存在 λ_i 使得 $\sum \lambda_i = 1$,则该决策单元为规模收益不变(CRS);若不存在 λ_i 使得 $\sum \lambda_i = 1$,则若 $\sum \lambda_i < 1$,那么该决策单元为规模收益递增(Increasing Returns to Scale, IRS);反之若 $\sum \lambda_i > 1$,那么该决策单元为规模收益递减(Decreasing Returns to Scale, DRS)。

(6) 进一步利用 BCC 模型可以计算得到决策单元的纯技术效率值,通过 SE=CRSTE/VRSTE 而得到决策单元的规模效率。此外在建立 DEA 评价模型时要使决策单元数和评价指标数之间保持恰当的比例关系,根据应用经验通常认为决策单元的个数应大于或等于投入、产出指标总数的 2 倍(魏权龄,2004),这会使 DEA 评价结果具有合理的区分度,从而起到很好的决策支持作用。

典型的 DEA 效率评价需要三个步骤:首先明确决策单元,也即是评价对象。每个 DMU 具有相同的目标,具有相同的投入和产出指标。其次确定评价指标体系。DEA 是利用决策单元的投入和产出指标数据对评价单元的相对有效性进行评定,因此指标体系的科学确定是运用该模型的基本前提。在确定指标体系时,应充分考虑决策单元之间的一致性,投入和产出的指标数量要达到一定规模。建立指标体系主要遵循目标性原则、准确性原则、精简性原则、系统性原则和可比性原则(曾玉清,黄朝峰,2006),指标的确定还要考虑数据的可获得性、可操作性和针对性;最后是选择合适的 DEA 模型进行计算,并对计算结果进行分析。

至此,完成区域主体功能区规划决策模型的数学求解,构建了一套完整、系统的区域主体功能区规划决策方法。图 4-3 为区域主体功能区规划决策方法的综合示意图。

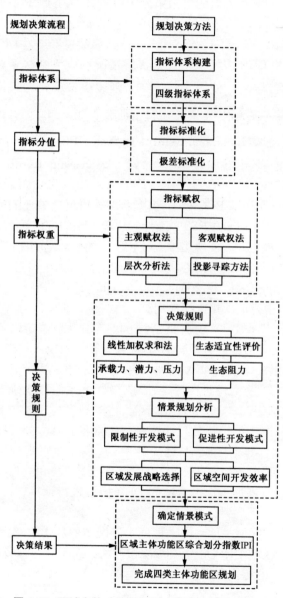

图 4-3 区域主体功能区规划决策方法综合示意图

4.9 小结

本章从区域主体功能区规划决策模型着手,给出了模型的定量求解方法,构建了区域主体功能区的规划决策方法体系。具体包括:构建包括目标层、约束层、准则层和指标层的四级指标体系;利用极差标准化方法完成指标的标准化赋值;采取主观和客观相结合的指标赋权方法,主观赋权采用层次分析法,客观赋权采用基于实数编码加速遗传算法的投影寻踪方法;采用线性加权求和法作为决策规则对指标进行综合,得到承载力、潜力和压力,利用生态适宜性评价技术得到生态阻力;利用情景规划分析法得到两种区域主体功能区的情景规划模式,再通过分析区域发展战略选择和空间开发效率确定最终的情景规划模式,进而得到区域主体功能区的综合划分指数 IPI,由此完成四类主体功能区的科学规划。

5 区域主体功能区规划支持系统开发基础

第3章和第4章中重点研究了区域主体功能区规划的决策模型和决策方法,从而完成了区域主体功能区规划支持系统(RMFA-PSS)开发中最关键、最核心的一步。接下来需要把规划决策模型、决策方法和GIS有机集成,构建区域主体功能区规划支持系统,从而更好地发挥规划决策模型和决策方法在实际规划应用中的决策支持能力和价值,实现对区域主体功能区规划的决策支持和决策过程可视化。本章分析了RMFA-PSS开发的必要性、可行性,开发原理等相关基础性问题。

5.1 系统开发的必要性和可行性

5.1.1 必要性

1) 区域主体功能区规划特点的要求

区域主体功能区规划是一个关于区域发展的战略性、约束性的规划,涉及区域自然、经济、社会这个复杂巨系统的方方面面。因此较之于传统的各种区域规划,区域主体功能区规划将更具有复杂性的特点。这种复杂性主要表现为规划决策的不确定性、模糊性以及规划技术的综合性上,具体为多指标体系构建、指标分值及权重计算、指标综合等。复杂性导致传统的规划方法难以胜任规划工作或能够进行但效率低下。同时,区域主体功能区规划在本质上仍是一个新兴的空间规划,其目标在于规范区域国土空间开发秩序以形成合理的空间格局,规划结果则集中体现为各类主体功能区的空间分布专题图。空间是区域主体功能区规划"主角",空间规划的特点要求规划过程是"所得即所见",也即规划过程的可视化。这就要求在规划过程中进行分析处理的同时要把分析处理的结果及时显示给规划决策者。因此,开发区域主体功能区规划支持系统可以适应规划的复杂性和可视化的要求。

2) 区域主体功能区规划手段现代化的要求

伴随着信息时代的到来,规划手段现代化是规划发展的趋势之一,而以"3S"技术为主体的空间信息技术的应用是规划手段现代化的最主要表现。基于 GIS 的规划支持系统作为一种先进的信息化决策技术手段目前还没有应用于区域主体功能区规划中,已有的规划研究和实践中虽部分利用了 GIS 技术,但仅作为一种规划结果的显示工具,GIS 强大的空间分析、建模和决策功能没有得到充分挖掘和利用。而运用这些技术将会大大增强规划者处理复杂问题的能力,大大提高规划的效果和效率,避免和克服单纯依靠主观定性决策的传统规划手段的弊病,帮助规划者作出科学、合理的决策。此外,常用的 GIS 商业软件结构复杂,难于掌握,这也限制了其在区域主体功能区规划中的深入应用。如何为不熟悉 GIS 操作知识的规划决策者提供一个易学易用、灵活高效的现代化的规划支持系统已成为区域主体功能区规划研究中的一个重要课题。

3) 区域主体功能区规划现实的要求

目前,完整的 RMFA-PSS 尚未建立,规划理论研究和应用系统研究存在脱节,这也在一定程度上限制了规划实践的开展和推广。所以,建立集规划决策模型与决策方法为一体的规划支持系统,高效地进行规划的编制、修订与管理,从而提高规划决策的质量,将不仅是区域主体功能区规划的现实要求,也是促进区域实现可持续发展的必然要求。

5.1.2 可行性

如上所述,区域主体功能区规划是一个空间规划,具有强烈的空间特征。它要为区域经济、产业、政策措施等非物质规划对象提供实体空间,其核心在于科学、合理地进行区域物质空间的安排和布局,空间是区域主体功能区规划的主角。而 GIS 具有海量空间数据管理和强大的空间分析功能,空间在 GIS 中也是核心要素。区域主体功能区规划和 GIS 具有一种天然的联系,二者的"空间"本质相同,在"空间"上具有相互借鉴、吸收、整合、集成的契合点。所以将 GIS 技术应用到 RMFA-PSS 的开发中在理论和实践上是必要的、可行的。另一方面,GIS 技术日趋成熟,这使基于 GIS 开发 RMFA-PSS 在技术上可行。

目前,GIS 的应用可以渗透到区域规划的各个方面,包括从规划编制到规划管理,从前期资料收集整理到成果出图,从小范围的规划到大尺度的规划,从综合规划到专项规划,从项目选址到发展战略制定等方面。可以说,GIS 为区域规划提供了一种崭新的思路和先进科学的技术方法。

在这些应用研究中最常用到的是 GIS 的传统空间分析模块,如空间信息的查询和量算、缓冲区分析、叠加分析、网络分析等。近年来,随着GIS技术的进步,各种规划模型和GIS相结合可以完成复杂的空间决策问题,这些模型有选址模型、区位—配置模型、元胞自动机模型、用地适宜性评价的多准则决策模型等。传统的选址模型根据数字高程模型,利用GIS的缓冲区和叠加分析生成选址专题地图以供规划编制决策服务。区位—配置(Location-Allocation,LA)模型用来确定区域中各类公共服务设施和基础设施的最佳区位,从而优化某种设施和资源在空间上的配置。LA模型和GIS相结合是解决这类复杂空间决策问题的有力工具,通过GIS的数据处理和调用、模型运算、GIS专题地图显示能提供直观和精确的依据,可以将资源配置的最优区位呈现给规划决策者,提高规划编制的科学合理性,有效避免人为主观决策的随意性。元胞自动机(Cellular Automata,CA)模型是可以用来模拟区域中城市空间演化过程的模型,它具有较强的空间动态模拟能力。近年来CA和GIS的结合越来越紧密,二者结合既增强了GIS的空间模型运算和分析能力,也使得CA技术在城市和区域规划中的应用更加深入(杨青生和黎夏,2006)。应用GIS技术最广泛的则是用地的适宜性评价,把多准则决策模型和GIS的基本功能相结合可以使基于GIS的用地适宜性评价技术走向深入和完善。将多准则决策技术和GIS结合,以GIS作为评价的技术平台可以使适宜性评价不仅在物质形态上可行,而且能满足经济、社会和环境的多方面需要(汪成刚和宗跃光,2007)。同时随着三维GIS技术的发展和应用,把城市与区域规划的理论和模型构筑于三维GIS平台上,可以运用三维GIS技术进行规划的仿真模拟(宋小冬,2003)。经过多年的实践,已经证明把GIS的空间分析功能应用到规划编制中,其优势在于它将一种科学成分输入到规划的描述、预测和建议中(Yeh,1999)。借助GIS可以预测人口和经济增长,找出规划布局中的环境敏感区域(Webster,1994),可为确定区域合理的发展规模和空间布局提供科学依据;而将空间优化模型和GIS结合则可以提出一些经过优化的规划方案,能够帮助决策者对不同的规划方案进行评价(Chuvieco,1993),这必然会提高区域规划编制的合理性和精确性。

随着GIS的广泛应用,GIS软件开发正在成为一种蓬勃发展的产业。人们对GIS系统的输入、输出功能的开发和数据结构研究已经逐渐成熟,但专业的GIS应用系统还要针对具体工作需要进行二次开发(周立新和莫源富,2004)。这就需要将GIS的数据处理、空间分析和决策模型有机结合起来,在合适的开发平台上,运用计算机编程语言实现一个具体的规划支持系统或决策支持系统。如城市规划中的土地使用规划支持系统(钮心毅,2008)、模糊多准则空间决策支持系统(张晓祥,2005)、土地利用规划支持系统(师学义,2006)等,这些系统都是在 GIS 平台上进行二次开发后得到的。

目前,欧美一些国家已经开发了一批可用于实际操作的规划支持系统软件,主要有"WHAT IF?","DEFINITE","GEOCHOICE","EXPERT CHOICE"等(杜宁睿和李渊,2005),它们基本上都是基于不同的规划目的,运用不同的规划模型,但都是基于 GIS 而开发出来的。例如,"WHAT IF?"基于 GIS 技术为规划决策支持提供了一个良好的操作环境(Klosterman,1999)。"WHAT IF?"系统已经有了一些成功应用,如俄亥俄州 Medina 县的农田保护政策评估(Klosterman, et al.,2003),澳大利亚 Hervey 湾地区战略规划(Pettit,2005)。

综上,已有的规划支持系统为本研究开发提供了一定的参考和示范,因此基于 GIS 技术开发 RMFA-PSS 在理论、实践和技术上都是可行的。其必将为本书提出的规划决策模型和决策方法的实际应用提供一个强大的数据处理、分析和显示平台,在规划者参与的条件下结合区域主体功能区规划指标,可以快速准确地获得区域主体功能区的规划决策结果,从而提高规划的效率和效果,进一步为区域主体功能区规划提供强大的决策支持作用。

5.2 系统开发的原则和目标

5.2.1 开发原则

区域主体功能区规划支持系统要强调系统的实用性和通用性,要求系统在结构上科学合理,在功能上能充分满足规划需求。系统开发一般要遵循如下原则:

(1) 科学性原则。RMFA-PSS 应是一个现代化的信息系统,其设计与开发必须符合科学性原则,尽可能采用新思想、新技术。在系统功能设计方面要重点考虑严格的数据质量和科学清晰的数据组织与结构,以满足规划决策分析的需求。

(2) 实用性和可靠性原则。系统的最终目标是应用,所以系统开发应与区域主体功能区规划需求密切配合,功能模块划分应简洁明了,以建立性能可靠的业务化实用程序为原则。RMFA-PSS 与一般的管理信息系统不同,除了对基础数据资料的管理外,要对大量的空间和非空间数据进行分析处理。因此应选用 GIS 平台,高起点地进行二次开发,把系统开发、解决问题的重点放在实际运用上。同时也要保证数据传输、存储和处理的可靠性以及模块运行和访问的稳定性。

(3)完备性原则。在详细分析区域主体功能区规划过程的基础上,确保数据的完备性和系统功能的完备性,以规划决策流程和步骤为主线,实现对数据的综合管理、规划决策分析和规划结果输出,使系统具有充分的完备性。

(4)扩充性原则。为满足规划对系统的未来要求,系统应具有良好的可扩充性和互操作性,在系统结构、数据库结构、配置容量、连接能力等方面应留有扩充的余地,能容易地实现系统的升级和扩充。

(5)交互性原则。由于区域主体功能区规划决策是一种极为复杂的高级智能活动,目前科技水平还不能研制出可完全替代人的决策能力的计算机系统,这决定了在整个规划决策过程中始终要有决策者(规划师)的参与。其次,在规划决策中存在很难或不能用数学模型表达的半结构化或非结构化问题,这也需要决策者的积极参与。系统界面清晰、友好,有较好的用户交互性是 RMFA-PSS 和一般的决策支持系统在开发理念上的重要区别之一。特别是在 Windows 等以图形化为界面的操作系统下,一个优秀的 RMFA-PSS 不仅要有良好的功能,也需要提供友好的用户界面,以此来方便用户的使用、软件的推广及标准化。

遵循该原则,RMFA-PSS 采用交互式的工作原理(图 5-0)。

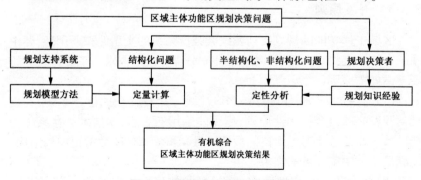

图 5-0 交互式工作原理示意图

RMFA-PSS中的规划决策模型、决策方法负责描述与求解规划决策过程中的结构化问题,决策者负责解决决策过程中的半结构化或非结构化问题。通过用户界面,决策者与系统进行交互。RMFA-PSS中的模型负责定量计算,决策者负责定性判断。系统通过模型计算向决策者提供规划方案,然后决策者根据情景规划的原理,可以修改模型中的各个参数,如权重、重分类中的断点值等,而系统则适时给出修改后的方案。这个人机交互过程直到决策者停止交互对话为止,从而得到规划结果。

5.2.2 开发目标

区域主体功能区规划支持系统RMFA-PSS能在GIS和规划数据分析处理的基础上,在一定的计算机软件、硬件环境支持下,为规划者提供充足的规划决策信息,帮助规划者进行问题识别,提高规划决策的能力、质量和效率并做出科学合理的规划方案,以便指导区域形成合理的空间开发格局和秩序,促进区域经济、社会和环境的协调发展。基于规划需求分析,RMFA-PSS的开发目标如下:

(1) 系统具有完善的功能。RMFA-PSS要以PSS理论为指导,以GIS为开发平台,集成规划决策模型和决策方法,能够实现四类主体功能区的科学规划,从而提高规划的科学性和现代化水平。具体的应包括规划数据输入和预处理、指标体系构建、规划决策分析、规划结果输出等功能。

(2) 系统能够面向多种用户。不同的区域具有不同的特点,其主体功能区规划的内容和要求都不尽相同,所以建立RMFA-PSS的目标就是要为各级、各地区政府有关部门、规划师客观、合理地划定四类主体功能区提供规划决策支持。这就要求系统能综合考虑区域主体功能区规划的特点,在系统结构设计上则要充分体现这一要求,使系统的通用性进一步提高,从而为规划提供数据、模型、方法上的综合支持。

5.3 系统开发的模式和方法

5.3.1 开发模式

GIS根据其内容可分为应用型GIS和工具型GIS。应用型GIS以某一专业、领域或工作为主要内容,包括专题 GIS 和综合 GIS;工具型 GIS 也就是 GIS 工具软件包,如 ArcGIS 等,它具有空间数据输入、存储、处理、分析和输出等 GIS 功能。本书就是基于区域主体功能区规划目标,开发出具有实现区域主体功能区规划目标的基于应用型 GIS 的规划支持系统。

开发 GIS 应用系统首先要选择其开发模式。目前一般有独立开发、宿主型二次开发和基于 GIS 组件的二次开发三种模式,具体如下:

(1) 独立开发。独立开发是指不依赖于任何 GIS 工具软件,从空间数据的采集、编辑到数据的处理分析及结果输出,所有的算法都由开发者独立设计,然后选用某种程序设计语言,如 VB、VC++等,在一定的操作系统平台上编程实现(刘光,2003)。此方法虽然无需依赖商业 GIS 工具软件,但对大多数开发者来说,能力、时间、财力方面的限制使其开发出来的产品很难在功能上与商业 GIS 工具软件相比。

(2) 宿主型二次开发。这是指在 GIS 平台软件上进行的应用系统开发,一般大多数的 GIS 平台软件都提供了可供用户进行二次开发的脚本语言,如 ESRI 的 ArcView 提供了 Avenue 语言,MapInfo Professional 提供了 MapBasic 语言等。用户可以利用这些脚本语言,以原 GIS 软件为开发平台,开发出针对不同应用对象的系统。此方法省时省力,但以进行二次开发的脚本语言作为编程语言,功能相对较弱,并且所开发的系统不能脱离 GIS 平台软件,效率不高。

(3) 基于 GIS 组件的二次开发。组件式 GIS 是 GIS 技术与组件技术相结合的产物,其基本思想是(汤国安和杨昕,2006):把 GIS 的各种功能模块进行分类,划分为不同类型的控件,每个控件完成各自的相应功能;各个控件之间,以及 GIS 控件与其他非 GIS 控件之间,通过可视化的软件开发工具集成起来,形成满足用户特定功能需求的 GIS 应用系统。组件式 GIS 的出现为新一代 GIS 的应用提供了新的工具,具有集成灵活、成本低、开发便捷、使用方便、易于推广、可视化界面等特点和优点。

目前大多数的 GIS 软件商都提供商业化的 GIS 组件,如 ESRI 公司的 ArcObjects、ArcGIS Engine,MapInfo 公司的 MapX 等,这些组件都具备 GIS 的基本功能,开发人员可以基于通用软件开发工具尤其是可视化开发工具,如 VB.Net、Delphi、C#、VisualBasic、PowerBuilder 等为开发平台,直接将 GIS 功能嵌入其中,从而方便地实现 GIS 的各种功能。

通过以上分析可知:由于独立开发难度过大,单纯二次开发又受到GIS工具软件提供的编程语言的限制,因此基于GIS组件的二次开发就成为GIS应用开发的主流。它的优点是既可以充分利用GIS工具软件对空间数据的管理、分析功能,又可以利用其他可视化开发语言具有的高效、便捷等编程优点,实现高效无缝的系统集成。这样不仅能大大提高应用系统的开发效率,使开发出来的应用程序具有更好的界面效果,更强大的数据库功能,而且可靠性好、易于移植、便于维护。目前,大多数GIS公司都提供了GIS开发组件,最典型的是ESRI的ArcObjects,国内也涌现出一些开发组件,如超图公司的Supermap和朝夕公司的MapEngine。

5.3.2 开发方法

本研究所构建的RMFA-PSS采用基于GIS组件的二次开发模式,将GIS开发组件嵌入计算机编程平台中,开发出独立的、能够在任一台计算机上完成安装、运行和卸载的区域主体功能区规划支持系统。具体方法包括:

(1) 采用模块化结构和组件技术相结合的开发方法。利用模块化结构可以将系统分为若干个子模块,易于实现功能的拓展;而组件技术是软件开发和软件工程的发展潮流和趋势,可大大提高开发编程的效率和规范性。

(2) 采用"自上而下"与"自下而上"相结合的方法进行RMFA-PSS的研制与开发。这种方法首先是"自上而下",即根据规划决策的目标和战略,选取所需数据,建立数据库,探讨规划模型库的建立与管理,集成常用的GIS功能,循序渐进地进行开发;其次是"自下而上",即从系统的基层做起,各个击破,逐个地实现系统的基本模块和功能,然后再进行总体封装和集成,从而得到完整的RMFA-PSS。这样通过"自上而下"与"自下而上"的有机结合,有利于整个RMFA-PSS步步为营、稳扎稳打地逐步实现。

5.4 小结

本着使区域主体功能区规划决策模型和决策方法实用化的目的,本章首先分析了区域主体功能区规划支持系统开发的必要性和可行性,其次分析了系统开发的原则和目标,最后介绍了基于 GIS 的系统开发模式和方法。通过区域主体功能区规划支持系统的开发,实现规划决策模型、决策方法和常用 GIS 功能的集成与一体化定制,从而提高区域主体功能区规划决策的效率、效果和质量,也为规划决策模型和决策方法的实际应用提供了一个坚实的系统平台。

6 区域主体功能区规划支持系统开发与实现

本章以规划决策模型和决策方法为基础,在 ArcGIS 平台上基于其组件 ArcGIS Engine 技术,利用 VB.NET 编程语言构建开发了区域主体功能区规划支持系统 RMFA-PSS,从而进一步拓展 GIS 在区域主体功能区规划中的应用范围和深度,满足区域主体功能区规划对现代化、信息化的需求。本章给出了 RMFA-PSS 的详细功能设计,包括系统开发策略、系统总体架构、系统功能模块和节点设计等。

6.1 开发策略

6.1.1 规划决策模型与 GIS 的集成

GIS 用于规划决策的突出优势在于其具有的可视化图形功能。基于图形的建模支持技术具有直观、形象、易于掌握和使用等特点,而且能清晰地表达系统的结构和各部分的关联,有助于决策者对系统进行深入分析、研究,是决策者更希望、更愿意接受的建模方式,国内外的研究也表明这是一个新的、前景广阔的领域(陈森发,2005;张晓祥,2005)。

可视化图形功能对规划的重要性是显而易见的,它帮助规划者观察、探索、检验和比较,从而有利于专业人员之间的交流(Batty,1994)。然而对于一个应用型的规划支持系统而言,显示和可视化仅是最基础的 GIS 功能应用,必须超越可视化而将规划决策模型和 GIS 有机集成起来(Douven, et al.,1993),然而把模型和 GIS 进行集成也面临一定的困难,必须应用最新的 GIS 开发技术和平台。

在规划支持系统中,规划决策模型是核心,没有规划决策模型的 PSS 充其量只是一个数据管理系统、数据库系统或规划管理信息系统。同时规划决策模型和 GIS 的结合方式将决定着规划支持系统的质量和应用价值的发挥。因此,选择规划决策模型和 GIS 的关系模式对成功开发区域主体功能区规划支持系统至关重要。一般的,规划决策模型和

GIS 的集成或结合有三种方式:松散型、紧密型和镶嵌集成型(邬伦等,2001)。松散型的主要特点是将 GIS 作为数据库管理系统,规划决策模型和 GIS 之间只进行数据交换,从 GIS 数据库中提取数据并输入规划模型软件中进行分析处理,再把处理结果传输到 GIS 软件中进行显示、制图等进一步的处理。紧密型方式的特点是将 GIS 作为显示和分析模型结果的图形工具,或在 GIS 软件环境下直接编写程序以避免不同软件之间的数据交换和传输。镶嵌集成型的特点则是以一个通用的用户界面为基础,采用面向对象的程序设计技术进行组件式开发,把规划决策模型和 GIS 应用功能有机集成到一个完整的系统里,进行规划决策模型、规划决策方法、GIS 功能和非 GIS 功能的一体化定制,而且要使系统针对实际规划问题具有较好的可扩充性和较强的功能适应性。目前采用镶嵌集成型关系模式开发整体集成的规划支持系统正成为一种新的趋势(叶嘉安等,2006)。

由于当前大多数 GIS 基础软件多采用组件对象模型(COM)软件体系,互操作问题得到了很好的解决,使软件体系也越发开放,这就为采用镶嵌集成型关系模式开发 RMFA-PSS 奠定了技术基础,本书采用这一方法完成区域主体功能区规划决策模型、决策方法和 GIS 的整体集成而构建 RMFA-PSS。

6.1.2 GIS 开发平台

1) ArcGIS Engine 开发平台

在 GIS 技术发展过程中,GIS 软件开发已经成为一个产业。目前世界上有着众多的商业化 GIS 软件,如国内外常用的 ArcGIS、MapInfo、GeoMedia、MapGIS、SuperMap 等。在常见的 GIS 软件系统中,ESRI 公司的 ArcGIS 以其强大的分析能力得到了用户的高度认可,是世界上使用最广泛的 GIS 软件系统之一。

ArcGIS 是 ESRI 在全面整合了 GIS 与数据库、软件工程、人工智能、网络技术及其他多方面的计算机主流技术之后,推出的代表了 GIS 最高技术水平的全系列的 GIS 产品。2006 年 ESRI 推出了 ArcGIS 9.2,这是一个全面、统一、可伸缩的地理信息平台,为用户构建一个完善的 GIS 系统提供了最完整的解决方案。它包括 4 大基础系列:桌面 DesktopGIS、服务器 ServerGIS、嵌入式 EmbeddedGIS、移动 Mobile-GIS。和以前版本的 ArcGIS 相比,ArcGIS 9.2 最大的变化是增加了两个基于 ArcObjects 的产品,即面向开发的嵌入式 ArcGIS Engine 和面向企业用户基于服务器的 ArcGIS Server。其中 ArcGIS Engine 是 ArcGIS Desktop 应用系列之外的嵌入式 GIS 组件,通过 ArcGIS Engine 可以在可视化的计算机编程平台上使用接口获取任意 GIS 功能的组合,从而构建专门的 GIS 应用解决方案。本书的区域主体功能区规划支持系统正是基于 ArcGIS Engine 技术而开发的。

2) ArcGIS Engine 开发原理

在分析 ArcGIS Engine 开发原理之前,有必要分析一下 ArcObjects 技术。ArcObjects(AO)是 ESRI 提供的一个 GIS 技术框架,它是基于 Microsoft 的 COM(Component Object Model,COM)技术开发的一套 COM 组件对象集。AO 提供了几乎所有的底层 GIS 功能,ArcGIS 软件本身如 ArcMap、ArcCatalog 等都是使用 AO 的组件开发出来的。COM 即组件对象模型,它是微软公司为了计算机工业的软件生产更加符合人类的行为方式而开发的一种新的软件开发技术。在 COM 构架下,人们可以开发出各种各样的功能专一的组件,组件间可以跨越多个进程、机器、硬件和操作系统进行互操作,然后将组件按照需要组合起来而构成复杂的应用系统。组件采用了非常有效的基于面向对象原则的方式,实际上是一些小的二进制可执行程序,它们可以给应用程序、操作系统以及其他组件提供服务,这是软件开发历史上的一次巨大变革。ESRI 把 GIS 的不同功能做成一个个 COM 组件供用户使用,AO 组件库的每一个组件中定义有不同的类,类下面定义了不同接口,接口中包含不同的属性和方法。其中接口是进行通信的基础(刘光,2003),也是组件软件的关键。当使用 AO 对象库开发具体功能时,为了获得实现具体功能所需要的方法(函数),需要从这些封装了方法(函数)的 COM 类中取得接口的引用。这样在使用 AO 进行二次开发时,只需要按照开发功能要求把需要的 GIS 功能组件重新进行组装,好比堆积木一样按照需求开发不同的 GIS 程序,因此应用组件式 GIS 进行二次开发是目前最流行、最灵活和最稳定的 GIS 开发方式(蒋波涛,2006)。

1999 年,ESRI 把其产品按照 COM 技术重新建构后推出了 ArcGIS 8.0。AO 不是一个独立的应用产品,是依附在桌面型 ArcGIS 产品中的软件开发包。虽然基于 AO 组件可以二次开发许多应用程序,然而使用 AO 开发是宿主型的开发模式。其弊端是开发出的程序无法脱离 ArcGIS 平台,不能脱离 ArcMap 或 ArcCatalog 等应用环境,也不能生成可执行的应用程序,必须在安装庞大的 ArcGIS 软件后才能使用这些开发程序,这就使得 AO 开发成本大大增加,从而限制了产品的进一步推广。出于战略上的考虑,ESRI 把 AO 中的一些组件单独打包出来并命名为 ArcGIS Engine(AE)。AE 是一套用于构建应用的嵌入式 GIS 程序的组件库,使用 AE 开发不需要安装庞大的 ArcGIS 软件,也即可以脱离 ArcGIS 平台,这就使得 AE 具有较大的灵活性,也为开发具有独立界面版本的 GIS 应用系统奠定了技术基础。下面是 ArcGIS Engine 开发原理(ESRI,2005;刘莹,2006)。

ArcGIS Engine 是一个创建自定义独立 GIS 应用程序的平台,是开发人员用于建立自定义应用程序的嵌入式 GIS 组件的一个完整类库,包括了构建 ArcGIS 产品 ArcView、ArcEditor、ArcInfo 和 ArcGIS Server 的所有核心组件。使用 AE 可以创建独立界面版本的应用程序,也可以对现有的应用程序进行扩展或将 GIS 功能嵌入到现有的应用程序中,为 GIS 和非 GIS 用户提供专门的空间解决方案。AE 可以在没有安装任何 ArcGIS 桌面软件的环境下提供所有 GIS 功能,是一组设定良好的跨平台、跨语言部件。AE 组件开发平台由运行环境(Runtime)和开发包(DeveloperKit)两部分组成,如图 6-1 所示。

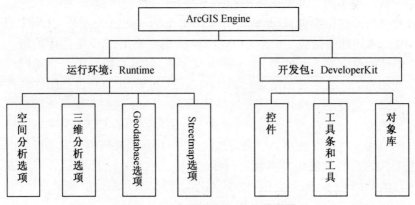

图 6-1　ArcGIS Engine 结构示意图

(1) AE 运行环境 Runtime,它是运行自定义 AE 应用的可分发的 ArcObjects(张雪松和杨宏,2001)。它包含了 AO 的核心组件,提供所有 ArcGIS 应用程序所需的核心功能,为执行用户定制的 AE 应用程序提供运行环境,其必须随着定制的应用程序一起安装。正是 Runtime

使基于 AE 开发的软件可以脱离 ArcGIS Desktop 环境而独立运行。标准的 Runtime 除了提供所有 ArcGIS 应用程序的核心功能外,还可以通过使用一些可选项而得到增强,如空间分析选项、三维分析选项等。

（2）AE 开发包 DeveloperKit,这是一个独立存在的开发产品,是一套用来让开发者开发自定义 GIS 和制图应用的工具,这些定制的应用程序可在脱离 ArcGIS Desktop 环境下单独执行,它包含了支持开发任务所需要的所有开发资源。AE 开发包包括三个关键部分,控件、工具条和工具、对象库。控件是 ArcGIS 用户界面的组成部分,开发人员可以嵌入并在应用程序中使用。相比 AO 只有两个控件 MapControl 和 PageLayoutControl,AE 则提供了大量的高级开发控件,包括 MapControl、PageLayoutControl、ReaderControl、TocControl、ToolbarControl、GlobeControl 和 SceneControl。例如用一个地图控件 MapControl 和目录表控件 TocControl 可以展示并交互式地运用地图。

工具条是 GIS 工具的集合,在应用程序中用它来实现和地图、地理信息的交互。常用的工具包括:平移、缩放、点击查询和与地图交互的各种选择工具。工具在应用界面上以工具条的方式展现。通过调用一套丰富的、常规的工具和工具条,建立定制应用的过程被简化了。开发者可以很容易地将选择的工具拖放到定制应用中或创建自己定制的工具来实现与地图的交互。

对象库是可编程 AO 组件的集合,包括从几何图形到制图、GIS 数据源和 Geodatabase 等一系列组件库。在基于 Windows、UNIX 或 Linux 平台的开发环境下使用这些库可以开发出从低级到高级的各种定制的 GIS 应用程序。对开发者来说,这些 AO 库支持所有的 ArcGIS 功能,并且可以通过大多数通用的开发环境来访问。

AE 包括了 AO 的核心功能,支持多种应用程序接口(Application Program Interfaces,APIs),拥有许多高级 GIS 功能,如数据创建、地图交互、地图创建、空间分析等。从本质上看,AE 是构建在 COM 标准基础之上的一个嵌入式的完全的 GIS 组件库,因此 AE 只是 AO 的一个子集,但拥有比 AO 更多更丰富的控件。AE 开发的优点有以下:

（1）无缝集成。组件式 GIS 构造应用系统只实现 GIS 自身的功能,其他功能则由其他组件实现;组件之间的联系则由可视化的通用开发语言如 VB、VC 实现。通过组件之间的消息传递,组件间互相调用、协同工作,从而实现了系统组件之间的高效无缝集成。

(2) 易于推广。组件式技术已成为工业标准,用户可以像使用其他 ActiveX 控件一样使用 GIS 组件,使非专业用户也能够开发和集成 GIS 应用系统,推动了 GIS 的大众化进程。

(3) AE 开发最大的优点在于其开发的程序完全可以脱离 ArcGIS 软件平台,仅需要在一个 Runtime 下运行,由此能够进行灵活的定制与开发,从而构建一个具有独立界面版本、能够在计算机上安装、运行和卸载的独立的应用软件系统。

6.1.3 计算机编程平台

在区域主体功能区规划支持系统开发中,AE 的作用是利用其 GIS 组件实现 GIS 的功能,其他功能如数据库操作、报表生成等则采用其他相应组件来实现。同时对系统开发所用的各种组件需要一个统一的平台来完成组件的总装和集成,此即在用 AE 进行二次开发时仍需选择一个恰当的系统总装平台,即开发平台。

Visual Studio. NET(. NET)是微软公司推出的一套完整、标准化和可视化的开发工具。.NET 集成开发环境以.NET Framework 为基础,除具有生成高性能的桌面应用程序外,还可以基于其强大的组件开发工具和其他创新技术,简化系统解决方案的设计、开发和部署(金旭亮,2006)。由于组件式开发技术已成为工业标准,基于.NET 这种标准开发环境,系统开发实质上是一系列组件的高效无缝的有机组合。.NET 平台还支持多种计算机编程语言,包括 VB、C#、VC++等。.NET 具备混合语言开发的特点,为这些语言提供了一个统一的用户界面开发环境,大幅度提高了开发效率。本研究所用的开发平台即是微软的.NET 平台。

Visual Basic 即 VB 是 Windows 环境下最流行的编程语言,而 VB.NET 则是 VB 在.NET 体系中的演化结果,.NET 为 VB 带来了根本性的变化。从本质上看,VB.NET 绝不是 VB 6.0 的升级版,它比 VB 6.0 更易使用、更强大,是一种全新的编程语言。VB.NET 与 ArcGIS Engine 有着很好的兼容性,是进行 AE 二次开发中可以选用的最优秀的语言之一,因此本研究选择 VB.NET 语言基于 AE 进行系统的二次开发。

综上,组件式开发技术现已成为 GIS 开发的主流,采用组件式结构的 GIS 与传统的开发方式相比,可以降低开发难度,提高开发效率,增强系统的灵活性和开放性。而 ArcGIS Engine 是 ESRI 公司最新发布的组件库产品,利用 AE 再结合 VB.NET 简单易用的界面开发功能,可以快速开发出完全脱离 ArcGIS 环境、功能强大、适应用户实际需求的、独立的 GIS 应用软件系统。这样,区域主体功能区规划支持系统开发策略可总结为如图 6-2 所示:根据系统开发原则和目标,在 Visual Studio 2005.NET 可视化开发平台上,基于 ArcGIS Engine 9.2 技术,利用 VB.NET 语言,实现区域主体功能区规划决策模型、决策方法、常用 GIS 功能以及其他非 GIS 功能的一体化集成,从而构建能在 Windows 操作系统上安装并独立运行、灵活高效的区域主体功能区规划支持系统。

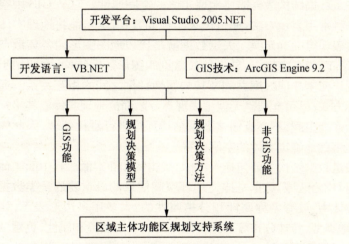

图 6-2　区域主体功能区规划支持系统开发策略示意图

6.2　系统总体设计

6.2.1　系统设计环境

1) 软硬件环境

在软件环境上,要求系统装有 Windows XP、Visual Studio 2005、ArcGIS Engine 9.2 和 Microsoft Offince 2003,数据库软件为 Microsoft Offince 2003 的 Access。在硬件环境上系统为单机结构,由于区域主体功能区规划涉及大量 GIS 格式的空间数据处理,因此对系统配置要求较高,一般 PC 机的 CPU 主频至少 1.0GHz、512M 内存、1GB 以上的硬盘可用存储空间,由此可获得较好的系统运行速度。

2) 系统数据

数据是 GIS 的血液,也是规划的基础。区域主体功能区规划所涉及的数据既有区域自然属性数据,也有社会经济属性数据,既有各种统计与分析数据,也有各种图件形式的空间数据,具有面广、量多、来源各异等特点。总体上可分为两大类即空间数据和非空间的经济社会属性数据。空间数据在 GIS 中存在两种格式,即矢量数据和栅格数据。

(1) 矢量数据结构

矢量数据结构适合描述地理实体的空间属性。它是 GIS 中空间数据的一种常用表示方法,通过记录坐标的方式,尽可能将地理实体的空间位置表现得准确无误。矢量数据就是代表地图图形的各离散点平面坐标(X,Y)的有序集合,是一种最常见的图形数据结构,主要用于表示地图图形元素几何数据之间及其与属性数据之间的相互关系。通过记录坐标方式,尽可能精确无误地表现点、线、面的地理实体。其坐标空间假定为连续空间,不必像栅格数据结构那样进行量化处理,因此矢量数据更能精确地确定实体的空间位置。

矢量数据结构主要包括点实体、线实体和面实体。其中面实体多边形(有时称为区域)数据是描述地理空间信息的最重要的一类数据。在区域实体中,具有名称属性和分类属性的,大多用多边形表示,如行政区、土地类型、植被分布等。面实体不但能表示位置和属性,更重要的是能表达区域的拓扑特征,如形状、邻域和层次结构等,它可以作为专题图的资料进行显示和操作。在区域主体功能区规划中涉及的矢量数据大都是多边形数据,所以系统开发中的矢量数据处理主要是基于多边形数据而开发的。

(2) 栅格数据结构

在 GIS 中,描述现实世界的具有空间分布特征的事物可以分为两类:一类是地理现象,另一类是地理实体。地理现象在空间上是连续分布的,如温度、土地利用、降水等。地理现象可以类比于物理学中的"场"这一概念,为了能够描述这些地理现象,GIS 引入了栅格数据集。

栅格数据一般分为两类:专题数据(Thematic data)和图像数据(Image data)。专题栅格数据的值表示了某种测量值或某个特定现象的分类,如高程、污染浓度或人口。一个栅格数据集,就像一幅地图,它描述了某区域的位置和特征与其在空间中的相对位置。由于单个栅格数据代表了单一专题,如土地利用、土壤、道路、河流或高程等。因此,必须创建多个栅格数据集来完整描述一个区域(见图6-3)。

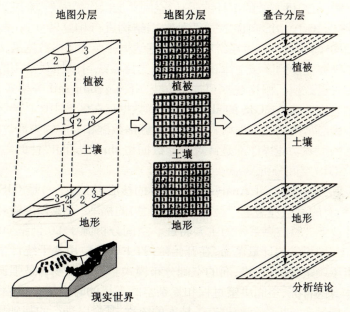

图6-3　栅格数据分层与叠合

将工作区域的平面进行行和列的规则划分,形成多个格网。每个网格单元称为像素(也称为像元),栅格数据结构实际上就是像元阵列,即像元按矩阵形式的集合,栅格中的每个像元是栅格数据,是最基本的信息存储单元,其坐标位置可以用行号和列号确定。由于栅格数据是按一定规则排列的,所以表示的实体位置关系隐含在行、列号之中。网格中每个元素的代码代表了实体的属性或属性的编码,根据所表示实体的表象信息差异,各像元可用不同的"灰度值"来表示。实体可分为点实体、线实体和面实体,点实体在栅格数据中表示为一个像元,线实体则表示为在一定方向上连接成串的相邻像元集合,面实体由聚集在一起的相邻像元的集合表示。这种数据结构非常便于计算机进行分析和处理。同时,用栅格数据表示的地表是不连续的,是量化和近似离散的数据,这意味着地表在一定面积内(像元地面分辨率范围内)地理数据的近似性,例如平均值、主成分值或按某种规则在像元内提取的值等。

栅格数据结构和矢量数据结构均为有效的数据表达方法，但二者各有优缺点。栅格数据结构简单，易实现空间叠加操作，能有效表达空间可变性，但数据结构不严密、不紧凑，难以表达空间拓扑关系。矢量数据结构严密，可提供有效的拓扑编码，但空间叠加操作较困难，难以表达空间变化性。现代 GIS 可以对这两种数据结构进行相互转换，在需要进行叠加操作时，可以通过系统将矢量数据结构转换为栅格数据结构。

本研究开发的区域主体功能区规划支持系统可以加载常用的栅格数据和矢量数据。栅格数据可加载 img、tif、jpg、bmp、gif 等格式，矢量数据则只能加载 ArcGIS 的 shape 格式的数据。在区域主体功能区规划操作中最经常使用的数据格式为 img 的栅格数据和 shp 的矢量数据，因此系统的很多功能操作都是针对 img 数据和 shp 数据而设计的。

3) GIS 空间分析

空间分析(Spatial Analysis)是 GIS 的核心功能之一，是 GIS 的灵魂，其特有的对地理信息（特别是隐含信息）的提取、表现和传输功能是 GIS 区别于一般信息系统的主要特征。空间分析源于 20 世纪 60 年代地理和区域科学的计量革命，在开始阶段，主要是应用基于统计学的定量分析手段来分析点、线、面的空间分布模式。后来更多的是强调地理空间本身的特征、空间决策过程和复杂空间系统的时空演化过程分析。空间分析是对分析空间数据有关技术的统称，其赖以进行的基础是地理空间数据库，其运用的手段包括各种几何的逻辑运算、数理统计分析、代数运算等数学手段，最终目的是提取和传输地理空间信息，特别是隐含信息，以辅助规划决策。本系统所用到的 GIS 空间分析主要有空间查询分析、缓冲区分析和叠加分析三种。

(1) 空间查询分析

空间查询是 GIS 的最基本最常用的功能，也是 GIS 与其他数字制图软件相区别的主要特征。空间查询分析功能是评价 GIS 软件的主要指标之一。查询和定位空间对象，并对空间对象进行量算是 GIS 的基本功能之一，它是 GIS 进行高层次分析的基础。图形与属性互查是最常用的查询，主要有两类：第一类是按属性信息的要求来查询定位空间位置，称为"属性查图形"。第二类是根据对象的空间位置查询有关属性信息，称为"图形查属性"。如 GIS 软件一般都提供一个"INFO"工具，让用户利用光标，用点选、画线、矩形、圆、不规则多边形等工具选中地物，并显示所查询对象的属性信息。

(2) 缓冲区分析

所谓缓冲区(Buffer)就是指地理空间目标的一种影响范围或服务范围。它是对点、线、面几何实体按照设定的距离条件,自动建立其周围一定宽度范围内的多边形实体,从而实现空间数据在水平方向得以扩展的信息分析方法。缓冲区分析是 GIS 最为重要和基本的空间分析功能之一,也是 GIS 相对于其他信息系统的优势之一。缓冲区分析方法主要应用于研究对象中心与周围一定距离的事物之间的关系,这样可以把比较复杂的问题简明化、科学化,再用 GIS 的有关数据通过模型分析而得出相当直观的结果,由此能够为规划与管理提供比较直观的分析手段和较为实用的服务。

缓冲区分析是针对矢量数据的分析方法,主要有点缓冲区、线缓冲区和面缓冲区三种类型。在 GIS 中,缓冲区的建立较为简单,在操作对话框中设置好要缓冲的距离后系统就会生成相应的缓冲区数据图层。缓冲区的原理是对一组或一类地物按缓冲的距离条件,建立缓冲区多边形图层,然后将这个图层与需要进行缓冲区分析的图层进行叠置分析,得到所需要的结果。图 6-4 为点对象、线对象、面对象及对象集合的缓冲区示例。

图 6-4 点、线、多边形的缓冲区分析

(3) 叠加分析

叠加(Overlay)分析是 GIS 的精华,从某种程度上说,现代 GIS 来源于叠加分析的思想。叠加分析是地理信息系统中最常用的提取空间隐含信息的方法之一。叠加是把分散在不同数据层上的空间、属性信息按照相同的空间位置叠加到一起而形成新的数据图层。其结果综合了原来两个或多个层面要素所具有的属性,同时叠加分析不仅生成了新的空间关系,而且产生了新的属性关系。从本质上看,叠加分析是在统一的空间参考系统条件下,将同一地区两个或两个以上地理对象的属性按一定的数学模型进行的计算分析(图 6-5),是对空间信息、属性信息作代

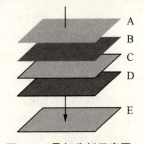

图 6-5 叠加分析示意图

数的加、减、乘、除,集合的逻辑交、并、差、余运算的过程。叠加分析用以产生空间区域的多重属性特征,或建立地理对象之间的空间对应关系。叠加分析的目的是寻找和确定同时具有几种地理属性的地理要素的分布,或者按照确定的地理指标,对叠加后产生的具有不同属性级别的多边形进行重新分类或分级(黄杏元等,2001)。

大部分 GIS 软件是以分层的方式组织地理数据,将地理数据按主题分层提取,同一地区的整个数据层集表达了该地区地理景观的内容。每个主题层可以叫做一个数据层面。数据层面既可以用矢量结构的点、线、面方式表达,也可以用栅格结构进行表达。栅格数据结构空间信息隐含,属性信息明显,可以看做是最典型的数据层面,通过数学关系建立不同数据层面之间的联系是 GIS 提供的典型功能。空间模拟尤其需要通过各种各样的方程将不同数据层面进行叠加运算,以揭示某种空间现象或空间过程。这种作用于不同数据层面上的基于数学运算的叠加运算,在 GIS 中称为地图代数。地图代数功能有三种不同的类型:基于常数对数据层面进行的代数运算;基于数学变换对数据层面进行的数学变换(指数、对数、三角变换等);多个数据层面的代数运算(加、减、乘、除、乘方等)和逻辑运算(与、或、非等)。在 GIS 中,叠加是一个技术处理过程,叠加分析可以针对矢量数据和栅格数据进行,根据叠加对象图形特征的不同可以分为:点与多边形的叠加分析,线与多边形的叠加分析,多边形与多边形的叠加分析,栅格数据之间的叠加分析。基于栅格数据的叠加分析是参与分析的图层要素均为栅格数据,叠加过程实际上是将不同图层之间相对应的格网属性数值相加。虽然栅格数据存储量比较大,但是运算效率要远远高于矢量数据。

区域主体功能区规划涉及地理变量的多准则分析,多边形叠加和栅格叠加方法均可以完成这样的空间分析过程。但是考虑到多边形叠加运算过程比较复杂,操作不及栅格数据灵活,因此,在区域主体功能区规划支持系统中采用了栅格数据叠加的分析方法。对于栅格叠加过程,其技术关键是每一个要素图层叠加权重的确定。例如,对于植被这个二级指标,它包括林地、草地、农田三个三级指标,不同的三级指标对于二级指标的贡献是不同的,不能通过简单的栅格求和来完成,必须要通过一定的权重确定方法得到三级指标对于二级指标的贡献权值,进而进行加权叠加来获取上一层的二级指标。具体的权重确定方法及其计算机实现将在本章后续内容中介绍。

6.2.2 系统结构设计

总体上，RMFA-PSS 采用三库系统结构，包括数据库系统、模型库系统和人机交互系统三个基本部分，如图 6-6 所示。

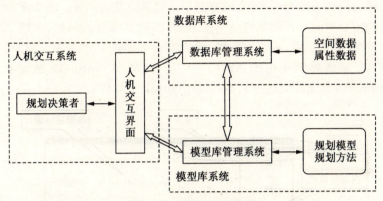

图 6-6 系统总体结构图

数据库系统包括数据库和数据库管理两部分。数据库用以存储规划的各种数据，为模型运行提供基础数据；数据库管理系统负责数据库建立和维护，数据存储、检索、查询和统计等。空间数据采用矢量数据模型和栅格数据模型，空间数据库由一系列 GIS 图层组成，包含与规划相关的空间数据和属性数据，其中属性数据存储在空间矢量数据的属性表中以实现空间数据和属性数据的一体化关联。研究区域内的基础空间数据图层、运行中产生的过程图层、系统输出的成果图层均存贮在空间数据库中。

模型库是 PSS 区别于一般信息系统的关键，是保障系统作出正确规划决策的基础。RMFA-PSS 的核心模型即为本书所构建的区域主体功能区规划的基于"承载力—潜力—压力—阻力"的空间超维作用力决策模型。决策方法是模型求解的一系列技术的综合，包括指标构建、指标赋权、指标综合等。在本系统里，决策方法以 GIS 的空间分析技术集中体现出来。

人机交互系统由系统用户和人机交互界面组成，其功能包括：提供多种显示和对话方式，如菜单、窗口、按钮等；提供输入输出转换功能，把用户的输入转换成系统能够接受和执行的内部表达形式，并把系统的输出按一定的格式显示给用户；提供问题处理的功能，利用系统程序控制人机交互,调用系统各种部件以实现人机统一。同其他软件一样,RMFA-PSS 也要借助友好的人机交互界面进行人与计算机的交互对话和操作,通过一定的逻辑运行来实现系统的各项功能。系统界面作为人机交互的接口显示了系统运行的效果,包括用户对系统发出命令以控制系统运行和系统通过图形、数据向用户提供信息两部分。图 6-7 为本系统的用户界面。界面风格沿用了 ArcGIS 软件本身的风格,包括了常用的菜单栏、工具栏、图层信息栏、地图浏览导航窗口、地图显示窗口、状态栏等。系统界面使用的 AE 控件主要有:MapControl(图层显示)、TocControl(显示图层信息)、ToolbarControl(工具栏)。

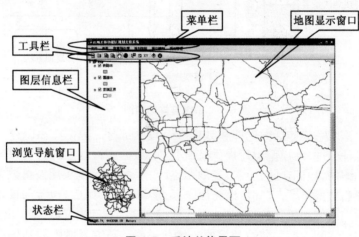

图 6-7 系统总体界面

6.2.3 系统功能设计

RMFA-PSS 包含有众多的功能节点,这些节点按其性质可归为五大功能模块,即数据管理模块、数据预处理模块、规划指标体系构建和处理模块、规划编制模块、规划管理模块,五个功能模块相互关联、相互支持,实现了对规划决策信息的高效处理,从而构成一个有机的统一整体。图 6-8 为系统的功能模块示意图。

(1) 数据管理模块

数据管理模块用于对规划基础数据进行管理,基础数据包括 ArcGIS 格式的矢量数据(shp)和栅格数据(img)。数据管理包括数据加载和退出、保存、删除、属性查询、查看、选择、取消选择、移动等功能。

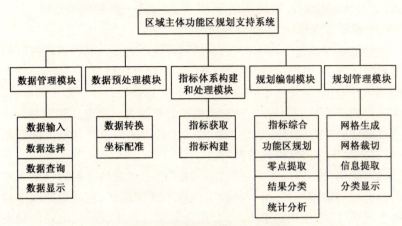

图 6-8 系统功能模块示意图

(2) 数据预处理模块

数据预处理模块包括数据转换和坐标配准两个子模块。数据转换实现 tif 格式的栅格数据转换为 img 格式的数据,坐标配准把不具有空间位置信息的二维平面图像纳入到一个具体的地理坐标系统中,从而具有真实的地理空间位置和距离信息,以便参与下一步的空间分析。

(3) 规划指标体系构建和处理模块

规划指标体系构建和处理模块包括指标获取和指标构建两个子模块。指标获取具体包括了指标赋值和重分类,缓冲区分析,为数据添加规划边界构成一个完整的因子图层,指标栅格化实现把 shp 格式的矢量数据转为 img 格式的栅格数据以便参与空间叠加分析等。指标构建子模块用于设定规划所需要的评价指标因子体系,并对指标体系进行各种编辑操作。

(4) 规划编制模块

规划编制模块是系统的核心模块,用于执行区域主体功能区规划决策模型和决策方法。按照系统设计,规划编制模块主要包括 GIS 的空间叠加分析。系统的叠加分析功能实际上指的是栅格数据图层的加权求和,即前述多准则决策中的线性加权求和,不同的叠加规则就是不同的栅格图层赋权方法。规划编制模块具体又包括指标综合、功能区规划、生态零点提取、结果分类和统计分析五个子模块,通过五个子模块完成区域主体功能区规划决策分析得到规划结果,并把结果以图像和

Excel 表格文件的形式显示、输出给用户,以便进一步的编辑处理。

(5) 规划管理模块

规划结果并不是一成不变的,而是呈现出动态变化的特点。在目前尚没有对区域主体功能区规划管理进行深入研究的情况下,作为一种大胆的探索性尝试(尽管还不够成熟),RMFA-PSS 设计了规划管理模块,其主要目的是为规划的编制、动态调整和管理提供一个方法和思路。规划管理模块的核心设计思想是采用网格法进行区域主体功能区的规划管理,其来源于城市网格化管理方法。

城市网格化管理模式是在"数字城市"迅速建设与发展的背景下产生的新型城市管理模式,是一种数字化城市管理模式,它从更新城市管理理念入手,以应用和需求为导向,充分利用计算机、网络、地理信息系统和无线通信等多重数字通信技术进行城市管理(潘兴华,2007;池忠仁,2008)。网格化管理可以实现数字化、闭环式、精细化、动态化管理,具有很好的发展前景,国内许多城市已经先后建立了城市网格化管理系统,如北京、杭州等。网格化管理首先需要对管理区域建立管理网格,它将某个区域在一定的地理坐标之下划分为一定分辨率的网格,各单元相互连接,对网格中的数据资源、信息资源、管理资源、服务资源进行整合,实现共享(李德仁和宾洪超,2008)。以万米网格管理法为例,是指以一万米为基本单位,将所辖区域划分成若干个网格状单元,由网格管理监督员对所分管的万米单元实施全时段监控,同时明确各级地域责任人为辖区网格管理责任人,从而对管理空间实现分层、分级和全区域的管理。网格化管理中要解决的一个关键技术问题就是如何高效、准确地将空间信息提取到网格当中。目前城市管理部门通常采用的是手工输入的办法,这种方法不但效率低,更新速度慢,需要投入大量的人力物力,而且对于基础数据中的空间信息是没法进行人工读取的。

通过系统的规划管理模块,能够实现自动提取空间属性数据信息,从而为区域主体功能区规划的网格化管理和建立强大的空间属性数据库提供了特定的技术支持,初步实现了区域主体功能区规划的网格化管理。规划管理模块具体又包括网格生成、网格裁切、信息提取、分类显示四个子模块,具有为规划区域建立网格、网格编辑、网格信息提取等功能,从而为规划管理提供决策支持。

6.3 系统详细设计

根据系统总体设计中的功能模块划分,RMFA-PSS 人机交互系统应用程序中的菜单设计共分为六个主菜单,包括:文件菜单、查看菜单、数据预处理菜单、规划指标菜单、规划编制菜单、规划管理菜单,此外还有一个由系统常用操作组成的工具栏。其中文件菜单和查看菜单属于数据管理模块,其他四个菜单分别对应另外四个功能模块。

6.3.1 文件菜单设计

文件菜单包括四个子菜单,分别为"新建"、"打开"、"添加数据"和"退出",菜单结构如图 6-9 所示。在功能上,"新建"子菜单用于关闭当前视图中的数据,使系统处于等待加载数据的状态;"打开"子菜单可以打开 ArcGIS 默认的 mxd 格式的地图数据;"添加数据"子菜单可以添加 shp 矢量数据和 img、tif 等栅格数据到系统当前视图中;"退出"子菜单即退出 RMFA-PSS。

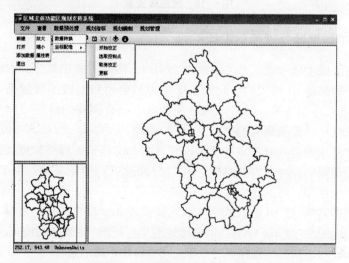

图 6-9 文件菜单、查看菜单、数据预处理菜单层级结构

6.3.2 查看菜单设计

查看菜单包括"放大"、"缩小"和"属性表"三个子菜单项,菜单结构

和功能界面如图 6-9 所示。"放大"和"缩小"用于控制数据的显示大小,"属性表"子菜单则可以查看 shp 矢量数据的属性表内容,同时能够把属性表内容以 Excel 电子表格文件的形式输出(图 6-10)。

人均GDP	人口密度	地均GDP	总铁路里程	总省道里程	总国道
26230.18	231.08	606.13	39659	168382	96148
16595.4	163.37	271.12	224007	29929	21669
12753.82	137.93	175.91	134220	414412	92480
16400.12	191.08	313.37	227531	481221	131371
30322.68	128.14	388.57	159230	357035	259103
18732.01	371.6	696.07	72344	233846	42054
14367.06	465.61	668.95	52841	125644	52555
21752.53	323.85	704.47	112620	255439	11868
15766.17	481.43	759.03	63654	88924	22284
8776.67	475.06	416.95	41483	105141	0
18063.45	461.24	833.17	57192	370656	0

图 6-10 属性表查看

6.3.3 数据预处理菜单设计

在区域主体功能区规划中经常使用 tif 格式的栅格数据,比如 TM 影像一般都是 tif 格式的。此外在规划中常会用到一些图像数据,如地形图、规划布局图等。这些图像数据通常不具有真实的地理空间坐标,不能反映和计算出真实的空间信息,如距离、面积等。而 GIS 空间分析中通常使用的是具有真实地理坐标信息的 img 格式的栅格数据,因此数据预处理菜单设计了"数据转换"和"坐标配准"两个子菜单。菜单结构如图 6-9 所示。

数据转换:把 tif 格式的栅格数据转换成 img 格式的栅格数据。

坐标配准:对 img 栅格数据进行地理坐标配准,完成空间校正。配准后的 img 栅格数据具有真实的地理空间位置和距离信息,以便参与下一步的空间分析。坐标配准子菜单按操作步骤进一步细化为下述功能命令。

(1) 开始校正:即进入坐标配准状态。

(2) 选取控制点:根据数据的实际地理坐标情况,在 img 数据上选取至少四个不同方位的参考点对图像实施地理坐标配准和校正。这些参考点可以是道路交叉点、地块之间的相邻点以及其他可以明确定位的空间位置。在系统弹出的"输入地理坐标"对话框中输入各个参考点的真实地理坐标(图6-11),输入完毕后点"确定"即可完成图像的坐标配准和空间校正。

图6-11 选取控制点界面

(3)取消校正:在选取控制点进行配准校正过程中,可以随时取消操作。

(4)更新:在配准校正完成后,点击"更新",视图中的数据会显示为配准后的状态,即具有真实的地理坐标信息。此时随着鼠标移动,系统下面的状态栏中会显示每个点的真实地理坐标。

6.3.4 规划指标菜单设计

规划指标菜单是 RMFA-PSS 的核心功能之一,其作用是完成规划决策过程中的"指标体系"和"指标分值",包括两个子菜单"指标获取"和"指标体系"。在子菜单下又包含相应的功能节点,菜单层级结构如图6-12所示。

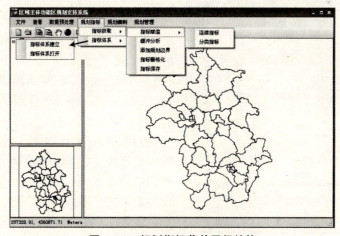

图6-12 规划指标菜单层级结构

1) 指标获取

指标获取即获取参与叠加分析的各个因子的一套完整的技术处理流程。系统以 shp 矢量数据作为初始输入数据,然后对其进行缓冲、数据格式转换、重分类、人工赋值等操作。系统要求所有的 shp 数据都是多边形 polygon 数据。在指标获取子菜单下包括五个功能节点,下面是其具体内容。

(1) 指标赋值

若输入系统的是 img 栅格数据,包括连续栅格数据和分类栅格数据两种形式,则直接进行重分类操作,得到所需要的重分类栅格数据。指标赋值也就是决策过程中的给指标赋予分值的过程,系统调用 AE 的 Reclassify 命令实现此过程。

(2) 缓冲分析

缓冲分析是 GIS 最常用的空间分析技术之一,在规划编制、适宜性评价中得到了广泛应用。在生态适宜性分析中,对于河流、道路等线状多边形要素首先要进行多级缓冲分析。河流、道路等缓冲要素本身的适宜性赋值最低,如 1,从中心向外适宜性赋值越来越高,直至为 9,赋值越高表示越适宜空间开发。

为实现多级缓冲分析,系统要求数据格式为 shp 矢量数据。系统在缓冲分析时,首先调用 Dissolve 命令把要缓冲的线状多边形要素合并成一个多边形以加快处理速度。然后对不同的缓冲距离进行适宜性赋值,一般是 1、3、5、7、9,对于较复杂的可以赋予 2、4、6、8 四个中值(图 6-13)。最后系统调用 AE 的 Multiringbuffer 命令,分别执行多级缓冲得到缓冲区多边形 shp 数据,过程同 ArcGIS 处理过程。不同的是系统会在得到的缓冲区 shp 数据的属性表中创建 Value 字段和 BUFF_DIST 字段,把各级适宜性分值添加到 Value 字段中,把各级缓冲距离添加到 BUFF_DIST 字段中,由此可以得到一个完整的 shp

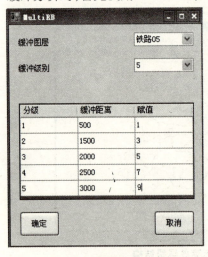

图 6-13 缓冲区分析界面

指标因子图层。对于草地、林地、农田等面状多边形 shp 指标因子数据一般不需要进行缓冲分析。

(3) 添加规划边界

对于输入系统的单因子 shp 指标图层可能不具有规划区的边界。系统设计了此命令对其添加规划区边界以形成完整的因子图层。该步骤调用的是 AE 的 Union 命令。对于缓冲得到的 shp 图层要先转成 img 栅格数据,转换字段是 Value,即含有适宜性赋值的字段。然后在视图中添加规划区边界的 shp 图层,执行添加规划边界命令即可得到一个新的具有规划区边界的 shp 格式的完整因子图层。对于不需缓冲的 shp 图层则直接执行该命令,即可实现添加规划边界而得到一个完整的具有规划区边界的 shp 因子图层。

(4) 指标栅格化

由于系统在空间叠加分析时要求每个指标因子都是 img 栅格数据,因此必须把 shp 矢量数据转为栅格数据。指标栅格化时,系统调用的是 AE 的 feature(polygon) to raster 命令。在转换对话框中(图 6-14),赋值字段即是转化所依据的字段,在生态适宜性分析中,转换字段是适宜性赋值字段,即缓冲分析中得到的或本身具有的 Value 字段。转换后得到一个分类栅格数据,属性值即为适宜性值,

图 6-14 指标栅格化界面

包括 0、1、3、5 等。其中 0 是系统自动赋予缓冲区以外或要素本身以外、规划区边界之内的其他用地的适宜性值。此时应使用"指标赋值"命令对转换后的分类指标进行重分类操作,即把 0 改成 1 或其他适宜性值,从而得到一个完整的 img 格式的指标因子栅格数据。当然,此步中也可根据需要把转换字段设成其他字段而得到所需的 img 栅格数据。这样,"缓冲分析—添加规划边界—栅格化—指标赋值"就构成了一个完整的指标因子获取的技术处理流程。

(5) 指标保存

系统会保存上述各个步骤中得到的每一个 img 栅格数据,也可以在数据目录框中右键点选数据再选择"save layer"保存得到的栅格数据。

2) 指标体系

指标体系子菜单完成规划指标体系的构建、编辑、保存、加载等功能,其包括两个功能节点,即指标体系建立、指标体系打开。

(1) 指标体系建立

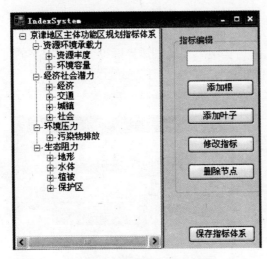

图 6-15 指标体系建立界面

如图 6-15 所示,系统使用 Treeview 控件设计了完整而灵活的规划指标体系构建功能,可以根据规划需要构建具有不同层级的指标体系,如常用的三级指标体系。在层级指标体系中,上一层指标都是下层指标的"根",相应的下层指标为"叶子"。修改指标即为修改指标名称,删除节点即为删除一个指标。同时还能够保存已建立的指标体系为 xml 格式的文件,以供随时调用。

(2) 指标体系打开

指标体系打开即打开已经建立并保存的 xml 格式的指标体系文件,打开后的界面同图 6-15,可以对其进行各种修改编辑处理并保存。

6.3.5 规划编制菜单设计

同样,规划编制菜单也是 RMFA-PSS 的核心功能之一,其作用是完成规划决策过程中的"决策规则",即根据决策规则进行指标综合而得到最后的决策结果。规划编制菜单包括"指标综合"、"功能区规划"、"零点提取"、"结果分类"、"统计分析"五个子菜单。菜单结构如图 6-16 所示。

1) 指标综合

指标综合子菜单可以认为是 RMFA-PSS 的"核心之核心"的功能

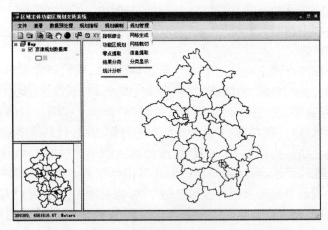

图 6-16　规划编制菜单、规划管理菜单层级结构

模块。因为通过指标综合而完成区域主体功能区规划决策模型的求解，得到规划结果。其设计思想是以 GIS 的空间叠加分析来代替区域主体功能区规划决策方法中的决策规则，即线性加权求和，从而实现对规划指标的综合处理。

(1) 指标综合的 GIS 原理

指标综合的过程就是 GIS 空间加权叠加分析的过程。具体的，每一个指标因子都是系统中的一个 img 格式的栅格数据图层，用主、客观赋权法分别计算承载力、潜力、压力三个作用力的指标因子权重，再用空间叠加分析完成指标因子图层的综合而分别得到三个作用力的值，从而得到三个反映作用力大小的 img 格式的数据图层。

系统用生态适宜性评价方法计算生态阻力，每一个生态因子都是一个 shp 格式的矢量数据，对其进行多级缓冲分析并赋予相应的适宜性值，再把缓冲得到的 shp 数据转成 img 格式的栅格数据，从而得到各个生态因子的 img 数据图层。此操作主要是利用规划指标菜单下的指标获取子菜单中的各个命令。利用 AHP 法计算各个生态因子的权重，最后用空间叠加分析完成生态因子的综合而得到反映生态阻力大小的 img 格式的数据图层。

系统用 AHP 法计算四个作用力的权重，再选择四个作用力的 img 格式的数据图层执行两两空间叠加操作，即对资源环境承载力和经济社会潜力进行空间叠加操作，得到空间开发的总潜力；对环境压力和生态阻力进行空间叠加操作，得到空间开发的总阻力，由此为下一步的系统操作奠定数据基础。

(2) 界面

在指标综合弹出的对话框操作界面中(图 6-17)，可实现各种 img 格式指标的叠加分析，包括叠加指标选择、权重计算与保存、叠加分析等命令，直观易懂，此处仅对"决策方法选择"栏目作一说明。目前系统在决策方法选择栏目中集成了三种指标权重计算方法，包括排序法、AHP 法和自定义法。排序法和 AHP 法按照前述数学方法进行编程实现。自定义则比较灵活，可由用户自行输入各指标权重。在本系统中，由于尚没有集成基于遗传算法的投影寻踪方法，当采用这种客观赋权法时可通过 Matlab 科学计算软件进行编程求解而得到权重，再通过自定义给指标赋权。因此，自定义也是系统和其他软件进行数据共享和传输的一个"接口"，体现了系统开发的灵活性。在 AHP 计算界面中，非常方便进行指标之间的两两重要性比较和选择，并能对用户给出的判断矩阵进行 CR 校验，若 CR 大于 0.10 时，系统会提示重新输入两两判断值以重新计算权重。

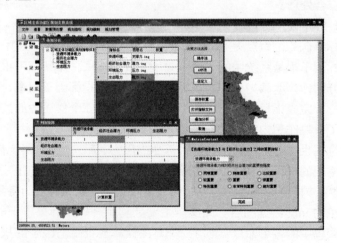

图 6-17　指标综合界面

2) 功能区规划

在通过指标综合而得到总潜力和总阻力后即可计算 IPI 值，在系统中用"功能区规划"命令同样将其转化为空间叠加操作，如图 6-18 所示：

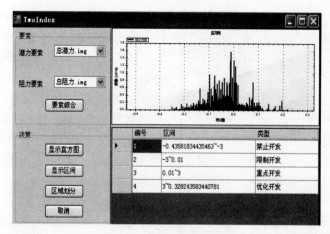

图 6-18 功能区规划界面

具体说明如下：

(1) 要素栏目

潜力要素：选择承载力和潜力叠加后的栅格数据图层 A，即总潜力。

阻力要素：选择压力和生态阻力叠加后的栅格数据图层 B，即总阻力。

要素综合：执行(A－B)的空间叠加操作，得到具有 IPI 值的连续栅格数据图层 C。

(2) 决策栏目

显示直方图：显示数据 C 的 IPI 值分布的直方图。

显示区间：以 IPI 等于 0 为界限，把 IPI 值从小到大分成四个区间并编号显示。其中，1 为禁止开发，2 为限制开发，3 为重点开发，4 为优化开发。当系统给出的分类断点不合适时，用户可自行设定分类断点。

区域划分：设定好分类断点后，点击此按钮，将对 IPI 执行重分类操作。系统在视窗中给出重分类结果，属性值为"1、2、3、4"即代表四类主体功能区。

取消：即取消当前操作。

至此，系统按照区域主体功能区规划决策模型和决策方法进行空间叠加分析，从而得到规划决策结果。

3) 零点提取

零点即是本书所定义的生态零点区域，是两个 img 数据因子相减后得到的属性值 Value 为 0 的区域。系统调用的是 Reclassify 命令，把属

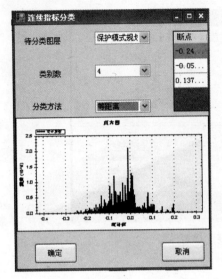

图 6-19 结果分类界面

性值小于 0 和大于 0 的都赋值为 No data,属性值为 0 的仍赋值 0,由此实现生态零点区域的提取。生态零点区域是一个特殊的区域,这类区域的空间开发处在一种特殊的临界状态,其主体功能区类型需要规划者根据规划需要进行定性分析,由此确定其所属的主体功能区类型。

4) 结果分类

指标综合得到的 img 数据是一个连续的栅格数据,其属性值 Value 为一个连续的变化区间,可以对其进行属性值的区间划分。此也是一个栅格数据重分类的过程,系统调用的仍是 Reclassify 命令,操作界面如图 6-19 所示。

在具体的分类方法上,系统设计了等距离分类、人工设断点分类和数据自组织分类三种方法。等距离分类较为简单,即是根据属性值的变化区间自动划分为多个范围相等的区间,此法完全根据数据性质进行划分,常常不能满足规划需要;人工设断点分类是通过规划者自行设定分类断点实现分类,所谓断点就是指划分等级时的分割点。由于在分类中融入了规划者的决策偏好,可实现定量划分和定性划分的统一。数据自组织分类 (Iterative Self Organizing Data Analysis Technique Algorithm, ISODATA) 即迭代自组织数据分析技术。它是一种动态聚类的方法,在初始状态给出栅格图像粗糙的分类,然后基于一定原则在类别间重新组合样本,直到分类比较合理为止。系统利用 AE 的 Geoprocess 工具中的

图 6-20 统计分析界面

ISODATA 命令开发实现了数据自组织分类功能,当然在实际规划中很可能用不到该方法,但作为一种规划决策支持工具,利用该法可以得到一个备选结果,以供规划者在多个方案中进行对比和选择,从而获得最符合需要的规划方案。

5) 统计分析

在完成四类主体功能区规划后,需要统计不同功能区的面积。对规划结果的分类栅格数据进行不同地类的面积提取(图 6-20),系统可把提取结果导出为饼图和 Excel 表。

6.3.6 规划管理菜单设计

如前所述,作为一种探索性研究,RMFA-PSS 基于网格化管理思路设计了区域主体功能区规划管理模块,其功能均在规划管理菜单中实现。GIS 数据的最大优点是实现了空间信息和属性信息的关联,经常使用的 shp、img 数据都带有空间属性,系统的技术核心就是把这些空间属性数据准确、高效地提取到网格数据库当中,主要包括四个子菜单,即网格生成、网格裁切、信息提取、分类显示,菜单层次结构如图 6-16 所示。

1) 网格生成

在数据 A 的空间范围内生成一个正方形的 shp 矢量格式的多边形网格数据 B。系统会在数据的坐标原点(0,0)开始按照设定的正方形网格尺寸生成一个覆盖全部数据图层的网格 shp 文件,为保证全部覆盖不留盲区,系统一般会多生成一行一列。网格生成后系统会自动命名,然后进行保存。

2) 网格裁切

为加快处理速度,系统使用数据 A 的边界对网格数据 B 进行裁切(Clip),删除冗余的网格单元,裁切后的网格仍会覆盖数据 A 的全部空间范围。

3) 信息提取

提取数据 A 的各种属性信息,并把提取出的信息添加到网格数据 C(没裁切)或 B(裁切)的属性表中。这是网格技术的核心,采取网格法的目的就是利用网格把数据信息提取到每一个空间网格中,由此完成空间信息的定位提取。信息提取的数据格式包括 shp 矢量数据和 img 栅格数据,由于栅格数据具有处理速度快的优点,对于矢量数据系统会首先把其转成栅格数据再进行信息提取。从提取的数据类型看,矢量数据有多边形(polygon)和点(point)两种形式,但以多边形数据为主。因为在区域主体功能区规划实践中,真正的线数据(polyline)不存在,比如,河流在 GIS 中常是线数据,但在规划中河流是有一定宽度的,因此是一个多边形数据。栅格数据有连续栅格数据和非连续栅格数据,连续栅格数据如各种专题图、密度图、分布图等,其最大特点是像元的属性值 Value 处于一个连续的状态,即处处有值且处处的值可能不一样;非连续栅格数据则相反,主要是各种土地利用类型图等。不管是连续、非连续栅格还是多边形矢量数据,要提取的信息只有两种类型,即地类面积信息和属性值 Value 信息。地类面积信息对应着表示土地利用类型的栅格和矢量数据,属性数值信息则是连续栅格数据的属性信息,如人口密度、人均 GDP 等。在信息提取界面中,系统会列出各种数据的属性字段,统计哪一个就勾选该字段。对于矢量数据,勾选该字段意味着将以该字段属性值把矢量转成栅格数据再进行信息提取。图 6-21 为信息提取界面。

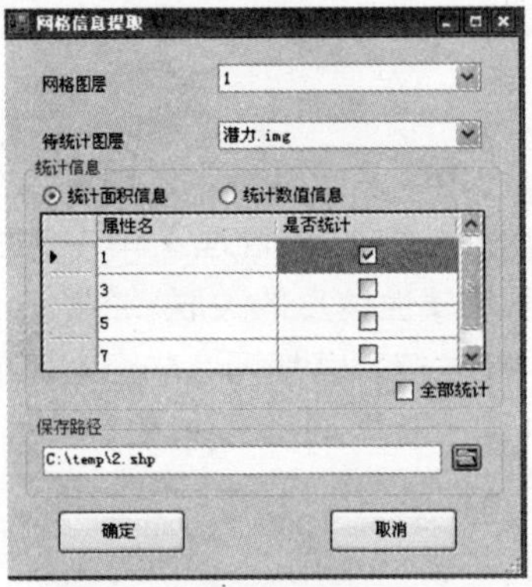

图 6-21 信息提取界面

对于栅格数据,设其空间分辨率为 n m×n m,生成的网格尺寸为千米格网,则每一个千米格网中会包含 m 个像元,网格信息提取的就是这 m 个像元所包含的各种信息。当提取的是地类面积时,则地类面积为 $m×n^2$。当提取的是属性数值信息时,每一个像元具有一个特定的 Value 值,此时每个网格中所提取的信息为这 m 个像元 Value 值的各种统计信息,包括像元数、最大值、最小值、平均值、极差、标准差和总和等 7 种统计值。

4) 分类显示

图 6-22 为分类显示界面。提取出来的原始数据的空间信息会自动保存在网格 shp 数据 B 或 C 的属性表中。分类显示提供了在提取空间信息后对空间信

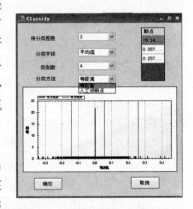

图 6-22 分类显示界面

息按照属性表中的字段(面积、最大值、最小值等)进行显示和统计的功能。其中显示功能是通过重分类实现的,系统提供了等距离和人工设断点两种方式进行重分类。等距离分类法就是根据用户所设的等级数,系统按等距离设置各断点;对于人工设断点,用户可以在选择类别数以后自行设置分类断点。用户设置完等级数和断点后,系统根据用户的设置对网格进行分类显示,不同等级的网格会被赋予不同的颜色以达到空间信息清晰明确的效果。系统还提供了信息统计输出的功能,该功能是通过系统"查看"菜单中的"属性表"命令来实现的,点击"输出"可把提取出的空间信息以 Excel 表格的形式输出,以便进一步编辑使用。

通过上述技术步骤,规划管理部门可以方便地实现相关区域主体功能区规划数据空间信息的提取,而不需要像往常一样采用人工采集、输入的办法建设网格空间数据库,从而极大地提高了空间数据的输入、建库效率,节约了建库成本。最后通过系统提取的网格 shp 数据具有很好的通用性,可以在其他支持 GIS 数据的软件中使用,便于推广应用。

5) 设计意义

基于网格法的规划管理模块对区域主体功能区规划的决策支持意义在于:

(1) 通过区域主体功能区规划中的某一个作用力数据或其他专题数据,利用系统提供的网格法获得含有数据空间属性信息的网格数据,提高了信息提取的自动化水平,初步实现了区域主体功能区规划的网格化管理(图 6-23)。

(2) 更关键的是,通过对某一时刻规划信息的提取和分类显示,可以直观明确的给规划者提供空间信息在规划区域内的静态分布特点;进一步,当利用两期数据进行提取分析时,可以发现

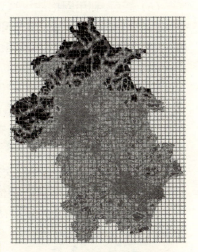

图 6-23 网格化管理效果图

某一个空间属性值在一个时间段内的动态变化以及该属性在空间上的扩散、蔓延、收缩等各种空间分布动态变化的特点,这样可为规划调整和开发管理提供较强的动态决策依据和支持。

(3) 为解决区域主体功能区规划的尺度问题提供了一种思路。尺度问题是区域主体功能区规划的一个基本问题，也是存在学术争议和探索的焦点问题之一。应用网格法，通过设置不同大小的网格尺寸，如百米格网、千米格网、万米格网，从而在不同的空间范围上实现主体功能区划分。比如在万米网格上是四类功能区，而在千米网格上则可以在四类划定的功能区内部再进行细化，通过网格法和规划模型进行求解，在该类功能区内部再实现四类功能区划分，这就可实现优化或重点开发区中也有限制或禁止开发区，限制或禁止开发区中也有一定的优化或重点开发区，即开发类中有保护类，保护类中有开发类，由此可避免"一划定终身"的弊端，体现出规划的灵活性和弹性。

(4) 为解决区域主体功能区规划的空间单元问题提供了一种思路。和尺度问题一样，规划空间单元也是目前争议较多的问题之一。常用的空间单元都是遵循行政区的原则，此既有优点也有缺点，缺点主要是未能克服行政区"条块分割"的不足。利用网格法，可以在规划时有效打破行政区的束缚，真正实现"打破行政区"的规划模式。

(5) 最后，利用网格法可真正实现网格化管理的精确和高效。每一个网格都将具有一个唯一编号和精确的空间坐标范围，从而实现快速准确的空间定位。如可及时发现和定位区域中的一些"生态零点"区域，为适时调整开发策略和规划内容提供决策依据。

网格法在区域主体功能区规划中的应用也存在一些困难，突出地表现为数据需求较大，每一个网格都需要数据的支持，而基于行政区的传统数据统计方法尚不能很好地满足这一要求。但是 GIS 技术的进步也可部分或基本解决此问题，一个方法是利用包含有行政区统计数据的点矢量数据进行空间插值分析，获得一个连续分布的数据表面，从而能基本满足网格对数据的需求。相信随着统计方法和 GIS 技术的进步，这一问题会逐步得到很好的解决，届时网格法在区域主体功能区规划中的应用将会更加深入和有效。

6.3.7 工具栏设计

系统为一些常用的操作设计了工具图标，如图 6-24 所示。

图 6-24 系统工具栏

各个工具从左至右依次是：

（1）新建。同文件菜单中的"新建"子菜单功能，用于关闭当前视图中的数据，使系统处于等待加载数据的状态。

（2）打开。同文件菜单中的"打开"子菜单功能，可以打开 ArcGIS 默认的 mxd 格式的地图数据。

（3）放大。同查看菜单中的"放大"子菜单功能，用于放大显示视图数据。

（4）缩小。同查看菜单中的"缩小"子菜单功能，用于缩小显示视图数据。

（5）移动。用于在视图中移动显示视图数据。

（6）全屏。用于全屏显示视图数据。

（7）要素选择。用于点选或框选矢量数据中的要素并高亮显示。

（8）取消选择。取消选中的矢量要素。

（9）添加 XY 控制点。用于在坐标配准中添加配准控制点。

（10）添加数据。同文件菜单中的"添加数据"子菜单功能，可以添加 shp 矢量数据和 img、tif 等栅格数据到系统当前视图中。

（11）信息查询。用于查询数据的属性信息并显示出来。

通过上述工具的使用，可以方便地进行各种常用操作，提高了系统的运行效率。

6.3.8 系统功能总结

通过对系统详细设计的全面分析，RMFA-PSS 的各个功能节点及其相应功能可总结为如表 6-0 所示。

表 6-0　区域主体功能区规划支持系统功能一览表

功能节点		功能说明
文件菜单	新建	关闭当前视图中的数据
	打开	打开 mxd 格式的地图数据
	添加数据	加载 shp 矢量数据、img、tif 等栅格数据
	退出	退出系统
查看菜单	放大	放大显示数据视图
	缩小	缩小显示数据视图
	属性表	查看 shp 矢量数据的属性表内容，把属性表内容以 Excel 表的形式输出

续表 6-0

功能节点		功能说明
数据预处理菜单	数据转换	把 tif 格式的栅格数据转换成 img 格式的栅格数据
	坐标配准 — 开始校正	使 img 格式的栅格数据进入配准校正状态
	坐标配准 — 选取控制点	依次选取用于配准校正的各个控制点,并输入其真实的地理坐标
	坐标配准 — 取消校正	用于在配准过程中随时取消校正操作
	坐标配准 — 更新	所有控制点坐标输入完成后,刷新数据视图以完成数据的空间校正
规划指标菜单	指标获取 — 指标赋值	对连续和分类 img 栅格数据进行重分类赋值
	指标获取 — 缓冲分析	对 shp 矢量数据进行多级缓冲区分析并赋值
	指标获取 — 添加规划边界	对 shp 矢量数据和 img 栅格数据添加规划区边界,构成完整的 shp 格式的矢量数据图层
	指标获取 — 指标栅格化	把 shp 矢量数据按属性字段和分辨率转成 img 栅格数据
	指标获取 — 指标保存	保存得到的每一个 img 栅格数据
	指标体系 — 指标体系建立	建立规划指标体系并保存为 xml 格式的文件
	指标体系 — 指标体系打开	打开 xml 格式的指标体系文件
规划编制菜单	指标综合	对 img 栅格数据图层进行空间叠加分析
	功能区规划	执行区域主体功能区规划决策模型,完成四类主体功能区的划分
	零点提取	提取生态零点区域,把两个数据图层相减属性值为 0 的区域提取出来
	结果分类	对主体功能区规划结果进行重分类
	统计分析	统计各个主体功能区的面积,把统计结果以图和 Excel 表的形式输出
规划管理菜单	网格生成	在数据 A 的空间范围上生成正方形的 shp 矢量网格数据 B,网格会覆盖数据 A 的全部空间范围
	网格裁切	使用数据 A 的边界对网格数据 B 进行裁切,删除冗余的网格单元,裁切后的网格会覆盖数据 A 的全部空间范围
	信息提取	提取数据 A 的各种属性信息,并把提取的信息添加到网格数据的属性表中
	分类显示	对网格数据按照所提取的信息进行分类显示
工具栏	新建	关闭当前视图中的数据
	打开	打开 mxd 格式的地图数据
	放大	放大显示视图数据
	缩小	缩小显示视图数据
	移动	移动显示视图数据
	全屏	全屏显示视图数据
	要素选择	点选或框选要素并高亮显示
	取消选择	取消已选中的要素
	添加 XY 点	添加坐标配准时的校正控制点
	添加数据	加载 shp 矢量数据、img、tif 等栅格数据
	信息查询	查询 shp 矢量数据和 img 栅格数据的属性信息并显示

6.3.9 系统流程总结

系统流程,即数据在系统的各个功能模块、各个功能节点之间的传递处理过程,它体现了在规划决策中从数据输入到规划结果输出的加工处理程序。RMFA-PSS 的主要流程总结为如图 6-25 所示。

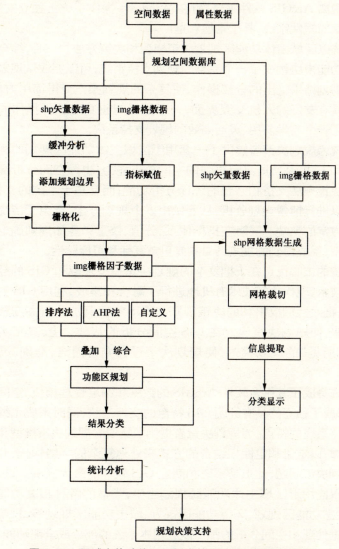

图 6-25 区域主体功能区规划支持系统流程总结示意图

6.4 系统优点和不足

区域主体功能区规划支持系统基于 ArcGIS Engine 技术，在 Visual Studio.NET 可视化开发平台上，利用 VB.Net 语言二次开发而成，是能够完全脱离 ArcGIS 软件平台、可在 Windows 操作系统上独立安装、运行和卸载的软件系统，易于掌握和推广。

系统以区域主体功能区规划决策模型和决策方法为核心，综合集成了其他功能模块构成了一个完整的规划支持系统，可以完成从规划数据输入到规划结果输出的全部操作，使复杂的规划操作变得简单方便；同时系统具有友好的人机交互界面，为不熟悉商业 GIS 软件操作的规划者提供了一个易学易用、灵活高效的规划支持系统。

系统为规划决策者提供了一套用于区域主体功能区规划的标准化的技术和方法，系统既具有很强的空间分析能力，也为空间分析提供了方便的决策方法支持和必要的统计分析功能；而且基于系统的支持，规划者可以进行情景规划分析，从而做出多个规划方案，避免了传统规划中单一方案的弊端。同时在指标体系、分值、权重和叠加规则确定一致的条件下，系统得到的规划结果具有可重复性和可检验性。

系统的核心优点在于把复杂的规划决策模型求解和 GIS 的经典空间分析技术、现代决策技术有机地进行了融合和集成，利用 GIS 的可视化功能，把线性加权求和的决策规则与 GIS 空间叠加分析高度整合并统一起来，使规划决策建立在 GIS 空间分析的基础之上，真正实现了"所得即所见"的规划模式，使规划决策过程变得简洁、准确、灵活和高效。

系统集成了其平台软件 ArcGIS 的数据和图层管理模块、空间分析模块，形成了独立的具有鲜明 GIS 特色的支持系统；同时系统也继承了决策支持系统的特点，为规划决策者提供了集成的规划决策模型和决策方法支撑，以定量和定性相结合的方式来处理复杂的半结构化、非结构化的规划决策问题，此点是系统和商业 GIS 软件的最大区别。进一步，系统不仅能用于区域主体功能区规划当中，类似的各种相关功能区规划，如生态功能区规划、环境功能区规划、城市功能区规划等，只要涉及空间数据处理和空间分析的都可以应用本系统的部分或全部功能，体现了系统开发的开放性和通用性，也为系统的推广应用奠定了基础。

然而应看到，系统只是集成了部分 GIS 的数据处理和空间分析功能，相对于功能强大、结构复杂的 ArcGIS 而言，系统功能、结构相对简单。例如一些基础数据的处理仍然要依靠 ArcGIS 软件的支撑；又如，一些功能（投影寻踪、遗传算法、数据包络分析）目前还没有集成到系统中，还需要其他软件的支持。但是，作为一个二次开发的支持系统，其主要目的是专门应用于区域主体功能区规划问题的研究、分析和解决，能达到此点应可以认为系统也相应达到了预计的开发目标，存在的不足将是继续进行系统开发和升级的动力与基础。

2010 年 1 月，区域主体功能区规划支持系统（V1.0）获得了中国合格评定国家认可委员会（China National Accreditation Service for Conformity Assessment，CNAS）授权专业机构的合格认证检测，表明系统达到了国家 863 计划项目的相关要求，为系统的后续开发和升级奠定了一个坚实的基础。

6.5 小结

本章重点研究了区域主体功能区规划支持系统的开发设计和具体实现，主要论述了系统的开发策略、系统总体设计和系统详细设计等三个方面的内容。

系统在 Visual Studio 2005.NET 可视化开发平台上，基于 ArcGIS Engine 9.2 技术，利用 VB.NET 语言，实现区域主体功能区规划决策模型、决策方法、常用 GIS 功能以及其他非 GIS 功能的一体化综合集成。系统采用"数据—模型、方法—用户交互"的总体结构，包括数据管理模块、数据预处理模块、规划指标体系构建和处理模块、规划编制模块、规划管理模块等五大模块。具体的，系统设计了包括文件、查看、数据预处理、规划指标、规划编制、规划管理等六个菜单及相应子菜单来完成人机交互，实现了系统设计的所有功能，从而构建了能在 Windows 操作系统上安装并独立运行、灵活高效的区域主体功能区规划支持系统。特别的，系统借鉴和利用网格法管理的思想和理念，设计开发了区域主体功能区规划管理模块，为解决目前区域主体功能区规划研究和实践中的一些技术难点进行了有益的探索和尝试。

7 区域主体功能区规划支持系统应用

在第 6 章中详细介绍和分析了区域主体功能区规划支持系统 RMFA-PSS 各个模块和节点的设计与相应功能。而系统开发的主要目的是为了在规划实践中进行应用,因此本章将结合中国典型区域——京津地区的主体功能区规划实践进行系统应用研究,通过对 RMFA-PSS 主要模块和节点的功能应用进行实例说明,以期进一步检验系统的科学性和实用性。

7.1 京津地区概况

7.1.1 自然环境

本书的研究区是京津地区,包括北京市、天津市和廊坊市(图 7-1)。北京和天津相距 120 km,前者为中国的首都,是全国政治、经济、文化中心;后者为全国四大直辖市之一,是北京乃至华北和西北地区的出海门户,廊坊市则位于二者之间的京沪铁路连线上。京津地区地理区位条件优越,总面积约 3.5 万 km²,辖 45 个区、县(2007 年的行政建制,表 7-1),该区域在空间上形成了一种典型的双核结构模式(马强等,2007)。

京津地区位于温带半湿润地区,区内海拔变化大,地势北高南低,坡降较大。东南部面临渤海,西部、北部系太行山脉和燕山山脉,中部为冲积平原地区。受海河、蓟运河水系影响,地貌类型复杂多样,主要包括燕山山地、山前丘陵冲积扇、河流冲积平原以及滨海平

图 7-1 京津地区范围图

表 7-1 京津地区区县一览表

市	区 县
北京市	东城区　西城区　宣武区　朝阳区　丰台区 海淀区　崇文区　石景山区　门头沟区 房山区　通州区　顺义区　昌平区　大兴区 怀柔区　平谷区　密云县　延庆县
廊坊市	廊坊市区 固安县　永清县　香河县　大城县　文安县 大厂回族自治县　霸州市　三河市
天津市	和平区　河东区　河西区　南开区　河北区　红桥区 塘沽区　汉沽区　大港区　东丽区　西青区　津南区 北辰区　武清区　宝坻区　宁河县　静海县　蓟县

原四大地貌单元。京津地区在水系组成上主要有海河水系和蓟运河水系,海河水系包括南运河、子牙河、大清河、永定河、北运河;蓟运河水系包括洵河、还乡河等。

京津地区气候属中纬度大陆性半干旱季风气候,受西风带的影响,冬春季盛行西北风,气候寒冷而少雨多风,秋季天高气爽,夏季干旱,四季分明。该区多年平均气温 10—14℃,极端最高气温 45.8℃,极端最低气温 －28.2℃,气温年差变化 27—32℃;最高气温出现在 6—7 月,最低气温出现在 12 月底和 1 月底。该区年平均降水量 500—600 mm,降水在地区分布上有所差异;年内降水分配不均,多集中在 6—8 月份;年际降水来说,旱年多于丰年。

7.1.2 经济社会

京津地区是我国三大都市圈之一,属于环渤海经济圈,经济产业聚集,人口稠密,社会生活和科教水平高,发展基础雄厚。京津三市各区县 2007 年的主要经济社会指标数据见表 7-2 至表 7-4。

表 7-2 北京市 2007 年各区县主要经济社会指标

区县	GDP(亿元)	工业产值(亿元)	固定资产投资(亿元)	总人口(万人)
东城区	673.20	14.41	214.93	61.80
西城区	1 231.94	115.04	266.80	77.40
崇文区	133.84	12.95	84.78	33.60
宣武区	266.05	12.87	89.41	53.50
朝阳区	1 697.41	176.32	1 180.42	178.40
丰台区	463.23	81.43	346.00	101.70
石景山区	226.39	136.62	76.49	35.40
海淀区	1 828.75	268.41	396.80	203.90
门头沟区	56.57	26.51	52.38	24.00
房山区	210.78	84.13	180.22	76.10
通州区	186.75	72.46	156.21	64.30
顺义区	355.13	168.09	296.35	56.70
昌平区	269.82	117.13	190.26	50.40
大兴区	194.29	74.47	122.67	58.10
怀柔区	121.53	60.74	80.35	27.60
平谷区	72.08	23.01	41.54	39.60
密云县	94.63	32.35	65.83	42.90
延庆县	51.08	8.11	31.96	27.90

表 7-3 廊坊市 2007 年各区县主要经济社会指标

区县	GDP(亿元)	工业产值(亿元)	固定资产投资(亿元)	总人口(万人)
廊坊市区	197.52	79.38	143.75	79.10
固安县	40.09	13.10	37.59	40.70
永清县	43.12	16.69	54.87	37.20
香河县	89.53	53.30	108.34	30.60
大城县	63.03	37.90	39.33	46.50
文安县	91.05	58.72	60.97	47.10
大厂回族自治县	24.63	12.90	15.07	11.50
霸州市	167.98	116.67	101.30	58.30
三河市	197.91	118.73	124.70	50.90

表 7-4 天津市 2007 年各区县主要经济社会指标

区县	GDP(亿元)	工业产值(亿元)	固定资产投资(亿元)	总人口(万人)
和平区	344.03	46.94	49.41	38.71
河东区	158.95	92.88	77.72	70.75
河西区	346.18	250.65	90.74	76.31
南开区	233.21	51.63	108.63	81.87
河北区	192.22	55.00	62.45	63.53
红桥区	59.46	9.95	23.86	55.84
塘沽区	650.29	445.96	408.20	51.22
汉沽区	52.52	22.52	42.72	17.19
大港区	318.20	250.05	144.48	37.66
东丽区	242.95	134.02	118.51	33.09
西青区	344.80	246.33	118.07	34.00
津南区	147.21	78.42	80.31	39.79
北辰区	236.94	148.87	98.97	34.68
武清区	168.90	68.27	89.96	83.11
宝坻区	113.60	44.66	64.99	66.12
宁河县	67.21	24.70	47.93	37.32
静海县	159.04	94.24	49.29	53.59
蓟县	130.96	51.91	54.97	81.84

现阶段,京津地区的进一步发展面临着难得的历史机遇。一方面,国家最高决策层把区域协调发展摆在更加重要的位置,明确提出要继续发挥环渤海地区对促进全国经济发展的带动和辐射作用;另一方面,地处环渤海地区中心位置的天津滨海新区被纳入国家发展战略总体布局,与上海浦东新区处于同等重要的位置,表明滨海新区的开发建设已经由区域发展战略上升为国家发展战略,成为国家层面上的一个经济增长极。

同时,京津地区也遇到了一定的挑战。由于特殊的地理区位,京津地区已成为全国生态安全保证程度最低的地区之一,经济的快速增长和城市的急剧扩张势必对区域自然环境产生干扰和破坏。总体上看,京津地区的生态环境质量仍在下降,以城市为中心的环境污染仍呈恶化的趋势。而一些关键自然资本如农田、草地、林地、水域等由于城市建设用地扩张而逐渐消失，所有这些使经济发展与生态保护的协调成为京津地区面临的最大挑战，也是京津地区为真正实现可持续发展而必须解决的关键问题。

对京津地区进行区域主体功能区规划可以解决其发展所面临的挑战和问题，由此可为其下一步的国土开发和利用提供合理的空间开发模式，为开发建设世界级的大都市化区域提供科学的决策参考。选择京津地区作为本书的研究案例，不仅是京津地区实现生态保护和经济可持续发展的需要，也能为我国的区域主体功能区规划提供研究示范和样本，因此本实证研究将具有一定的理论和现实意义。

7.2 京津地区空间开发效率计算

7.2.1 计算思路

按照规划大师盖迪斯的"调查—分析—规划"的规划方法，在进行实际的规划前应对规划区进行充分的调查分析。而空间开发效率高度综合地反映了规划区域经济社会对投入资源的配置、利用和转化的能力，也即一种进行空间开发的能力。由于区域主体功能区的关键词就是"空间开发"，所以本书选择空间开发效率评价来进行规划前期的调查分析，从而揭示出京津地区空间开发中存在的问题，并据此提出相应的对策和建议，以期为京津地区主体功能区规划中的情景分析提供科学理性的决策依据。此外，作为一个一直备受关注的热点地区，目前对京津地区的研究以区域经济一体化的定性分析为主，缺少从区域整体空间开发效率方面进行的定量分析和评价(张晓瑞和宗跃光，2009)。基于此，本书运用 4.8 节中的数据包络分析 DEA 模型对京津地区空间开发的效率进行分析研究。

研究以 1994 年至 2007 年共 14 年间的京津地区空间开发效率为 DEA 评价对象，其中的每一年为 DEA 评价的一个决策单元，共计 14 个决策单元。每个决策单元具有相同的投入和产出指标，这样经过 DEA 模型计算得到每一年空间开发的效率值，再利用统计分析法来研究效率变化和投入产出之间的关系，从而实现对区域空间开发效率科学、定量和理性的评价。

7.2.2 指标体系

区域空间开发必然要投入一定的自然资源要素、人力资源要素和资本要素，通过区域开发使这些投入要素转化为区域经济和社会的各项产出。由于当前区域空间开发突出表现为区域的城镇化和工业化，因此在指标体系构建上以区域中城市的各项指标为主体。遵循 DEA 评价指标体系构建原则，在投入指标上选取区域城市建成区面积作为土地资源投入指标，选取非农业人口作为人力资源投入指标，选取固定资产投资总额作为资本投入指标。在产出指标上选取区域第二产业和第三产业的生产总值、社会消费品总额、园林绿地面积作为 DEA 评价的产出项。其中第二产业和第三产业的生产总值反映了区域城市的经济规模，社会消费品总额反映了社会消费水平，园林绿地面积则直接反映了环境建设的状况和水平。这样从经济、社会和环境三个方面入手，构建了一个能全面衡量区域空间开发状况的投入产出指标体系。研究所用的数据来源于各年度的《中国城市统计年鉴》，京津地区的各项指标值为北京、天津、廊坊三市相应指标值之和。

7.2.3 结果分析

1) 效率分析

利用 4.8 节中的 DEA 计算方法和京津地区 1994 年至 2007 年各年的投入产出数据，计算得到京津地区空间开发建设的综合效率值、纯技术效率值和规模效率值，经整理结果见表 7-5。根据表 7-5，在京津地区空间开发的 14 年中，有 1995 年、1996 年、2000 年、2003 年、2005 年、2006 年和 2007 年共 7 年为 DEA 有效，占比 50%，其综合效率、技术效率和规模效率均为 1，且松弛变量 s^- 和 s^+ 都为 0，说明这些年京津地区空间开发处于效率前沿面上，在投入资源的配置、利用和规模集聚上都达到了有效，不存在投入冗余和产出不足，规模收益处于最佳状态。2004 年综合效率值为 1 但松弛变量 s^+ 不为 0，为弱 DEA 有效，说明该年在投入不变情况下可以增加 s^+ 的产出。1994 年、1997 年至 1999 年、2001 年和 2002 年共 6 年为 DEA 无效，占比 42.86%。进一步可发现 DEA 无效的 6 年可分为两种类型：一是纯技术效率有效（值为 1）而规模效率未达到有效（值小于 1），即 1994 年、1997 年、1998 年和 1999 年这 4 年。由此说明这 4 年不为 DEA 有效的原因在于其规模的无效率，其规模和投入、产出不相匹配,需要增加规模或减少规模,技术有效则表明这四年的产出相对于投入而言已达最大,即在投入资源的配置和利用上达到了有效;另一类是2001年和2002年,其纯技术效率、规模效率和综合效率均无效。从总体平均值来看,京津地区空间开发效率较好,综合效率平均值为0.951,技术效率的平均值高达0.999,规模效率的平均值为0.952。

表 7-5 京津地区空间开发的效率值

决策单元	综合效率	技术效率	规模效率	规模收益	结果
1994	0.862	1.000	0.862	IRS	DEA 无效
1995	1.000	1.000	1.000	CRS	DEA 有效
1996	1.000	1.000	1.000	CRS	DEA 有效
1997	0.801	1.000	0.801	IRS	DEA 无效
1998	0.849	1.000	0.849	IRS	DEA 无效
1999	0.940	1.000	0.940	IRS	DEA 无效
2000	1.000	1.000	1.000	CRS	DEA 有效
2001	0.930	0.998	0.932	IRS	DEA 无效
2002	0.931	0.991	0.939	IRS	DEA 无效
2003	1.000	1.000	1.000	CRS	DEA 有效
2004	1.000	1.000	1.000	CRS	弱 DEA 有效
2005	1.000	1.000	1.000	CRS	DEA 有效
2006	1.000	1.000	1.000	CRS	DEA 有效
2007	1.000	1.000	1.000	CRS	DEA 有效
平均值	0.951	0.999	0.952		

从时间分布上看,京津地区空间开发效率变化可以分成两个较为明显的阶段。其一是1994年至2002年的9年,效率变化较为频繁,其中DEA有效的有3年,即1995年、1996年和2000年;无效的有1994年、1997年至1999年、2001年和2002共6年。其二是从2003年至2007年的5年,效率基本没有变化,除2004年为弱DEA有效外其余均为DEA有效。此点和当时国内经济大环境是有着密切关系的。2001年北京申奥成功,以此为契机北京市加大基础设施建设,大力整治环境,行政区划调整使城市规模迅速扩大,城市开发建设进入了一个新阶段,由此带动整个京津地区的空间开发建设热潮。同时天津滨海新区在2000年以后也加速进行开发建设,和浦东新区一起成为国家层面上的一个经济增长极。所有这些有利因素促使京津地区经过2001年和2002年这

两年(DEA 无效)的调整期后在 2003 年至 2007 年达到 DEA 持续有效。从另一方面看,有半数的评价年度为 DEA 有效,特别是 2003 年至 2007 年连续为 DEA 有效,这突出说明空间开发实现了京津地区经济、社会的全面快速发展。这一点和京津地区近年来国民经济社会发展的实际情况完全相符合,据此可以认为京津地区空间开发的效率是很好的。

2) 规模收益分析

规模收益(Returns to Scale,RTS)是决策单元投入规模的变化与其引起的产量变化之间的关系,包括规模收益不变、递增和递减三种情况。其中不变表示增加 k 倍的投入可以获得相同 k 倍的产出增加,递增可获得大于 k 倍的产出增加,递减表示可获得小于 k 倍的产出增加。递增的决策单元可扩大投入规模从而获得更多的产出,递减的决策单元则没有扩大投入的必要,只有规模收益不变的决策单元才是最理想的生产状态,此时其规模效率为 1。

由表 7-5 可知,京津地区在 DEA 有效和弱有效的 8 年中处于规模收益不变,占比 57.14%。其余 6 年均为规模收益递增,占比 42.86%,没有规模收益递减的年度。规模收益递增说明这些年度里京津地区空间开发的规模还没有达到当年技术水平所决定的最合适生产规模,可以扩大投入规模,优化资源投入结构,以达到最佳的产出,从而实现综合效率有效。从 2003 年至 2007 年,京津地区规模收益持续保持不变,达到了理想的开发状态。但总体平均规模效率值为 0.952,和总体平均技术效率值 0.999 相比还有不小的差距,说明京津地区还有一定的规模扩大空间。因此京津地区在空间开发上可以适当扩大投入规模以和相对较高的技术水平相适应。

通过上述效率和规模收益分析,可以看出京津地区空间开发的效率具有一个非常明显的特点,即平均技术效率非常高(0.999),规模效率相对较低(0.952),规模收益一直处于递增和不变的状态。这说明京津地区在空间开发中对投入资源的配置和利用效率非常好,在规模聚集上也较为有效,此点和北京作为首都和直辖市、天津作为直辖市经济发达、技术先进的客观现实相吻合。

3) 投影分析

非 DEA 有效的决策单元要想达到 DEA 有效必须增加产出和减少投入,这可以通过这些决策单元在生产前沿面上的投影而找到调整目标,计算出具体的投入和产出调整数值,从而使其成为有效的决策单元,由此得到更多的决策参考信息,计算这些投入冗余量和产出不足量即为 DEA 投影分析。本研究中由 DEA 有效的 7 个评价年度构成了效率前沿面,其他年度在投入产出的六维空间中的位置和该效率前沿面有一定偏离,研究这些偏离对调整投入产出结构,提高资源配置水平以及明确今后改革的重点都具有十分重要的指导作用。根据本研究计算得到 DEA 无效和弱有效的 7 年中的投入冗余和产出不足的具体数值如表 7-6 所示。总体上这 7 年投入冗余和产出不足现象均同时存在,以 1994 年为例,该年在建成区面积的投入上需要减少的量为 114.35 km^2,非农业人口上需减少 190.66 万人,固定资产投资上需减少 1 051 152.42 万元;同时在"二产""三产"总值上需增加产出 2 653 967.59 万元,社会消费总额增加 1 050 377.23 万元,由此该年能够达到 DEA 有效。值得注意的是 2002 年京津地区在建成区面积上的投入冗余量猛增到 342.75 km^2,这与 2001 年北京和天津行政区划调整导致城区规模迅速扩大有关。该年北京市撤销了大兴县、怀柔县、平谷县,成立大兴区、怀柔区和平谷区,天津市撤销宝坻县成立宝坻区。

表 7-6 投影分析

决策单元	投入冗余值			产出不足值		
	建成区面积(km^2)	非农业人口(万人)	固定资产投资(万元)	"二产""三产"总值(万元)	社会消费总额(万元)	园林绿地面积(hm^2)
1994	114.35	190.66	1 051 152.42	2 653 967.59	1 050 377.23	0
1997	181.30	258.53	2 360 383	0	177 061.88	1 536.23
1998	133.22	223.13	1 901 518.88	440 776.23	0	491.66
1999	60.72	120.89	743 216.48	838 112.28	0	1 379.28
2001	193.46	95.96	1 481 588.21	5 884 566.12	0	0
2002	342.75	98.79	1 838 982.35	5 335 356.57	0	0
2004	0.858	0.756	20 140.31	1 824 267.29	3 720 243.17	0

4) 综合效率和投入产出相关性分析

为了研究区域空间开发综合效率和投入产出规模之间的关系,利用 SPSS 软件计算了综合效率和各个投入产出指标之间的相关系数,结果见表 7-7。可见综合效率和建成区面积、非农业人口和园林绿地面积三个指标的相关系数大于 0.5,且在显著水平为 0.05 时显著正相关,和其他指标均是较低水平的正相关。建成区面积和非农业人口为区域空间开发的投入指标,表示了区域城市化的水平和规模;园林绿地面积为产出指标,表示了区域的生态环境水平。可见人口规模、土地面积规模和环境水平对区域空间开发的综合效率具有相对较大的影响。继续用综合效率和各个投入产出指标进行一元线性回归分析,每个拟合方程的判决系数 R^2(见表 7-7)非常低,拟合效果差,说明综合效率值和每个投入产出指标之间不存在明显的因果关系。进一步以综合效率为因变量,以建成区面积、非农业人口和园林绿地面积为自变量进行多元线性回归分析。回归方法采用强制进入法,得到的拟合方程调整 R^2 值仅为 0.116,拟合效果非常差;采用向后排除法则排除了建成区面积和非农业人口,得到最终的拟合方程为

$$Y = 0.870 + 1.899 \times 10^{-6} X$$

式中,Y 为综合效率;X 为园林绿地面积。

然而方程的调整 R^2 值也仅为 0.258,拟合效果很不理想,这说明综合效率和多个投入产出变量之间也没有较为明显的因果关系。这提醒决策者仅仅通过扩大区域开发投入规模对提高区域空间开发综合效率的帮助并不大,这也证明了当前盲目一味通过圈地扩张提高城市化水平、"摊大饼"式的空间开发并不是最优的空间开发模式。

表 7-7 综合效率和投入产出指标的相关系数

	建成区面积	非农业人口	固定资产投资总额	"二产""三产"总值	社会消费品总额	园林绿地面积
R	0.531*	0.543*	0.484	0.486	0.495	0.562*
R^2	0.282	0.295	0.234	0.236	0.245	0.315

* 表示在 0.05 水平上显著相关。

5) 总结

本节运用 DEA 方法和模型对京津地区 14 年间空间开发的效率进行了系统研究,结果显示:

(1) 效率分析表明京津地区空间开发的综合效率、技术效率和规模效率较好,其中 DEA 综合效率有效的共有 7 年,有 1 年为 DEA 弱有效,其余 6 年为 DEA 无效。

(2) 规模收益分析表明京津地区空间开发有 8 年处于规模收益不

变的理想阶段,其余 6 年处于规模收益递增阶段。

(3) 投影分析表明京津地区空间开发有 7 年存在投入冗余和产出不足的现象。

总体来看,京津地区空间开发的效率较好。为进一步提高京津地区空间开发的效率提出两点建议:第一,要注重继续加大科学技术投入,提高区域空间开发的技术含量,坚持走内涵提高型增长模式,从而实现区域经济社会的可持续发展。第二,作为我国最具活力的经济区之一,京津地区要继续优化内部结构,适度加大资源投入,提高空间开发的规模效率以和相对较高的技术效率相适应,从而实现 DEA 综合有效,但要注意避免一味扩大规模"摊大饼"式的扩张模式。

通过对京津地区空间开发效率的定量分析,可知其空间开发的效率很好,说明其区域经济、社会、科技发展水平很高,对资源的配置、利用和产出的能力较强,也即进行空间开发的能力较强。因此从经济学投入产出分析的角度看,京津地区应以开发为主。

7.3 规划指标体系

京津地区主体功能区规划指标体系构建按照 4.2 节中的原则和结构进行建立,包括目标层、约束层、准则层和指标层四级结构,其中目标层为区域主体功能区规划,约束层包括资源环境承载力、经济社会潜力、环境压力和自然生态阻力 4 个约束指标,准则层和指标层则从京津地区的特征以及数据的可得性出发,在 4 个约束项的意义范围内灵活选取。准则层有 11 个指标:资源丰度、环境容量、经济、交通、城镇、社会、污染物排放、地形、水体、植被、保护区;指标层进一步对准则层的各项指标进行了具体表征,共有 37 个指标,具体内容见表 7-8。

1) 资源环境承载力

资源环境承载力是主体功能区规划的基础,更是实现京津地区强可持续发展的关键约束之一,该项约束重点评价京津地区各类资源的保有量和环境容量。京津地区人口密集、人均自然资源相对匮乏,尤其是作为空间开发基本要素的能源、水资源、土地资源的供需矛盾日趋尖锐。由于一些资源如矿产资源等可以通过区域贸易获得,因此在资源丰度准则项的指标选择上以不可贸易资源为主,重点考虑水资源、耕地、林地、草地四类关键自然资源的人均占有量。环境容量是区域环境可容纳污

表 7-8 京津地区主体功能区规划指标体系

目标层	约束层	准则层	指标层
区域主体功能区规划	资源环境承载力	资源丰度	人均水资源占有量 人均耕地面积 人均林地面积 人均草地面积
		环境容量	城镇生活污水处理率 工业固体废物综合利用率 垃圾无害化处理率 万元工业产值环保投资额 万元工业产值"三废"综合利用产品产值
	经济社会潜力	经济	人均 GDP 单位国土面积财政收入 单位国土面积固定资产投资 工业产值占 GDP 比重
		交通	等级公路路网密度 铁路路网密度
		城镇	城镇化水平 城镇建设用地面积占国土面积比重
		社会	人口密度 人均教育经费支出 万人病床位数 人均社会消费品零售额 人均邮政业务量
	环境压力	污染物排放	万元工业产值废水排放量 万元工业产值二氧化硫排放量 万元工业产值烟尘排放量
	生态阻力	地形	高程 坡度
		水体	主要河流 一般河流 次要河流 重要湖泊 一般湖泊
		植被	农田 林地 草地 未利用地
		保护区	自然保护区

染物的整体评价指标,京津地区经济发达但环境污染也较严重,因此该准则的指标项重点考虑京津地区通过资金和环保设施的投入对污染物的治理能力。而一些代表环境自净能力的指标如降水、风力等由于数据资料的限制没有考虑。

2) 经济社会潜力

经济社会潜力是指在区域空间开发过程中,区域各空间单元进行空间开发的一种能力,是区域所表现出来的综合竞争实力的强弱程度,它体现在区域所拥有的区位、资金、人口、基础设施等多个方面(张新红和张志斌,2007)。根据京津地区经济社会发展状况,选取经济发展基础、交通条件、城镇化、社会发展水平四个准则层,指标层由 GDP 相关指标、交通路网密度、城镇化水平以及相关社会生活的各项指标构成。

3) 环境压力

环境压力一方面体现了区域空间开发的密度和强度,另一方面也体现了已有的空间开发给区域环境带来的负荷水平。京津地区的环境压力主要来自于快速增长的工业化进程,工业排放物是主要污染物。近年来虽然北京地区正在进行产业结构转变,逐渐从制造业中心转变为金融服务业中心,但京津地区仍然存在着高消耗、高排放的经济发展现象,这些工业污染物构成了最主要的环境压力指标。指标层包括了万元工业产值废水排放量、万元工业产值二氧化硫排放量、万元工业产值烟尘排放量,这样既能体现出区域工业化给环境造成的压力,同时也从一个侧面反映了区域产业结构的合理程度。

4) 生态阻力

自然生态阻力反映了京津地区关键自然资本对空间开发的适宜性程度。影响生态阻力的指标因子很多,如海拔、坡度、植被、土壤、地质等,但不同的区域其影响因子也不同(尹海伟等,2006)。根据京津地区林地面积较大、大部分地区海拔与坡度较小的实际情况,遵循特殊性、综合性、代表性与可操作性原则,选取了对京津地区空间开发建设影响较大的地形、水体、植被、保护区这 4 个准则层。地形条件是影响生态阻力的一个重要地学因子,包括海拔、坡度等方面。因此在指标层上将坡度与高程两者综合考虑作为地形分析的具体指标。水是京津地区最紧缺的自然资源之一,地表水也是水资源的重要组成部分,其在维持区域生态系统平衡、改善区域景观质量、调节区域温度与湿度、维持正常水循环等方面发挥着重要作用。京津地区空间开发不能再以大量地表水体的消失为代价,本研究将水体列为最为重要的生态阻力准则,包括不同等级的河流和湖泊指标。植被在保护区域生物多样性、改善生态环境质量方面具有非常重要的作用,京津地区北部山区植被保存较好,植被类型主要有森林、农田、荒草地等。保护区对维持物种多样性、保持生态系统功能的完整性有着重要的作用,京津地区包括了四个国家级自然保护区(其中有著名的古海岸与湿地保护区、八仙山保护区),以及二十几个省级和市级保护区。因此将自然保护区作为评价生态阻力的重要因子,并赋予较大的权值,以保证在综合评价时,自然保护区被划为禁止开发区。

7.4 规划数据

7.4.1 数据来源

京津地区主体功能区规划中使用的数据主要包括空间数据和非空间属性数据两大类。空间数据包括遥感影像和地图,地图又进一步包括了地形图、土地利用图、行政区划图、交通图以及相关规划图等;非空间数据主要是京津地区经济社会统计数据与相关政策文件资料。

1) 空间数据

研究所用遥感影像数据为 2007 年 5 月的覆盖整个研究区的四景 Landsat5TM 影像,空间分辨率为 30 m。地图数据主要包括:京津地区 1:10 万地形图,北京市和廊坊市 2004 年 1:10 万土地利用现状图,天津市土地利用总体规划图(2005—2020),北京、天津、廊坊三市的交通地图、政区地图等。

2) 非空间数据

研究所用的属性数据来自有关京津地区国民经济和社会发展规划、城镇发展与规划建设、区域土地利用、城市土地利用、城市总体规划、京津地区相关研究报告等方面的文献和资料;经济社会统计数据来源于 2007 年的北京、天津、河北省以及廊坊市的统计年鉴;其他相关属性数据分别来源于北京、天津、廊坊各市统计局、发改委、国土局、建设局网站。

7.4.2 数据处理与建库

1) 数字化

把研究区的 1:10 万地形图扫描成数字图像,并对此数字图像进行几何校正和矢量数字化以生成高精度的数字地形图。然后以地形图为基础对各区、县边界进行数字化，形成封闭多边形的京津地区各区县 shp 矢量数据。

2) 遥感影像处理

对京津地区的四景 TM 影像进行辐射校正、几何校正、假彩色合成、拼接与裁切等图像处理，得到 2007 年京津地区的遥感影像图，并指定其空间参照为 Gauss Kruger，GCS_Beijing_1954。

3) 关键自然资本提取

本研究中，关键自然资本主要是指城镇建设用地以外的各种土地利用类型，包括林地、草地、耕地、水体、保护区等，这是计算生态阻力的基础。利用 ArcGIS 9.2 提供的矢量化工具，采用人机交互方法，参照 1∶10 万地形图对遥感影像进行数字化，得到京津地区 2007 年的土地利用多边形 shp 矢量数据。在每个多边形数据的属性表中新建土地利用类型字段，在其中添加每个多边形所属的土地利用类型属性信息，建立京津地区土地利用数据库，如图 7-2 所示。

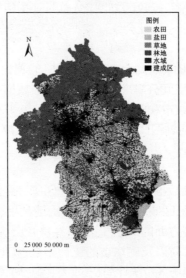

图 7-2　京津地区 2007 年土地利用现状图

最后，把所有属性数据按照 4.3 节中的"极差标准化"法进行标准化处理。然后在 ArcGIS 9.2 中，把京津地区各区、县标准化后的经济社会统计数据录入京津地区各区县 shp 空间数据的属性表中，实现空间信息和属性信息的关联,从而建立京津地区主体功能区规划的空间数据库(图 7-3)。这部分工作通过现成的 GIS 软件可以方便地完成,考虑到编程量的大小,因此本系统并未设计实现该功能。整个规划数据处理的主要流程如图 7-4 所示。

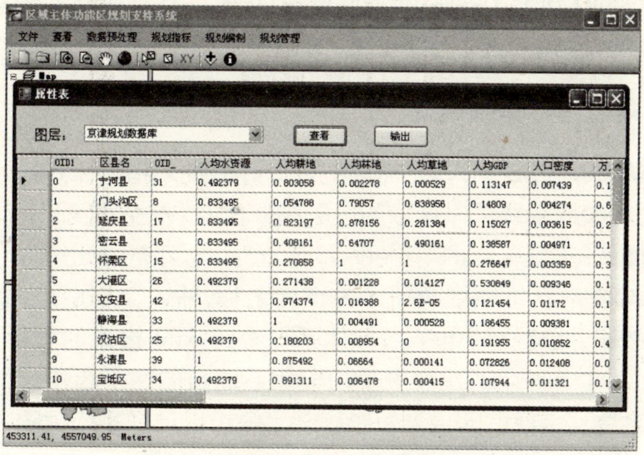

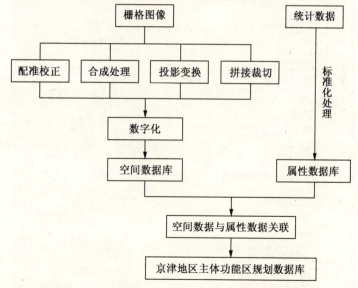

图 7-3 京津地区主体功能区规划数据库

图 7-4 京津地区主体功能区规划数据处理流程图

7.5 区域主体功能区规划支持系统运行

在构建了京津地区主体功能区规划指标体系和规划数据库后,就可以通过运行 RMFA-PSS 而得到规划结果,下面是具体的规划操作运行过程。

7.5.1 规划指标体系建立

在 RMFA-PSS 中,首先需要把设计好的规划指标体系通过系统的相应功能转换成系统可以读取的电子指标体系,通过"规划指标"菜单下的"指标体系"子菜单中的"指标体系建立"命令可完成此任务。按照表 7-8 的顺序在对话框中依次输入各指标名称,输入完毕后点击"保存指标体系"按钮,把建立的电子指标体系保存为 xml 格式的文件,完成后的界面如图 7-5 所示。建立电子指标体系的目的在于为指标的综合叠加分析提供一个模板,即根据每个指标名称可以选择系统视图中已经加载的相应指标数据。

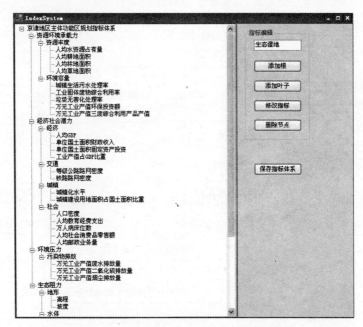

图 7-5　京津地区主体功能区规划指标体系

7.5.2 资源环境承载力计算

京津地区主体功能区规划的资源环境承载力包括资源丰度和环境容量两大准则。资源丰度指标由人均水资源占有量、人均耕地面积、人均林地面积和人均草地面积 4 个指标构成，环境容量由城镇生活污水处理率、工业固体废物综合利用率、垃圾无害化处理率、万元工业产值环保投资额、万元工业产值"三废"综合利用产品产值 5 个指标构成。

1) 指标栅格化

在 RMFA-PSS 中利用"规划指标"菜单下的"指标获取"子菜单中的"指标栅格化"命令把资源环境承载力的 9 个指标分别转成 img 栅格数据并保存，分辨率设置为 30 m。

2) 指标赋权

在 RMFA-PSS 中进行指标综合叠加分析前，首先要计算各个指标的权重。对于京津地区来说，资源丰度的 4 个指标较易判断其相对重要性情况，其中水资源是最重要的资源指标；环境容量的 5 个指标中环保投入额是最重要的指标，因为工业化对环境的污染在未来一段时间内由于技术水平限制将在所难免，所以对环境的治理力度将是改善和提高京津地区环境质量的最重要影响因素。在此利用 RMFA-PSS 提供的 AHP 模块计算各个准则的指标权重。

3) 指标叠加综合

加载资源丰度的 4 个 img 指标数据到系统当前视图中。点击"规划编制"菜单下的"指标综合"命令，在系统弹出的"叠加分析"对话框中，首先点击"打开指标文件"按钮，打开已经建立的 xml 指标体系文件，点击资源丰度准则层，则 4 个指标自动加载到中间的指标叠加栏目中。在"图层名"栏目中，点击人均水资源占有量对应的图层名框，系统弹出"添加指标图层"选择框，其中列出了当前视图中的所有数据图层。点击"人均水资源.img"，则该数据加载到叠加分析框中(图 7-6)，依次加入其他 3 个指标数据。

由于这 4 个指标采用 AHP 法计算权重，在决策方法选择子面板中点击"AHP 法"弹出建立"判别矩阵"对话框，对指标进行相对重要性的两两比较并赋值，得到判别矩阵并通过系统的 CR 一致性检验，系统计算 4 个指标的权重并自动列于"权重"栏目中，如图 7-7 所示。

图 7-6　添加叠加指标数据

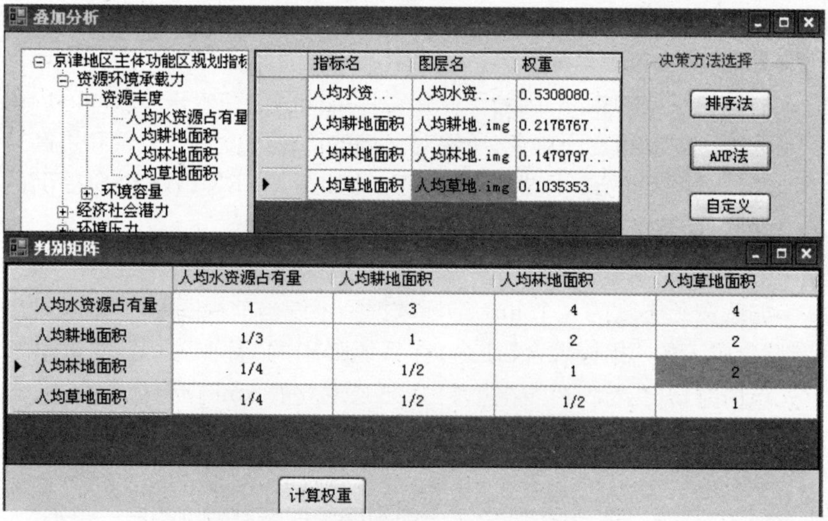

图 7-7　AHP 计算资源丰度指标权重

再点击"叠加分析"按钮,系统按照指标权重进行空间叠加分析,得到资源丰度准则图层的 img 数据。同样,完成环境容量 5 个指标的权重计算(图 7-8)和叠加分析,得到环境容量准则图层的 img 数据。

最后,对资源丰度和环境容量两个准则图层进行综合叠加分析。二者对于资源环境承载力同等重要,赋权相等都为 0.5。加载已经得到的

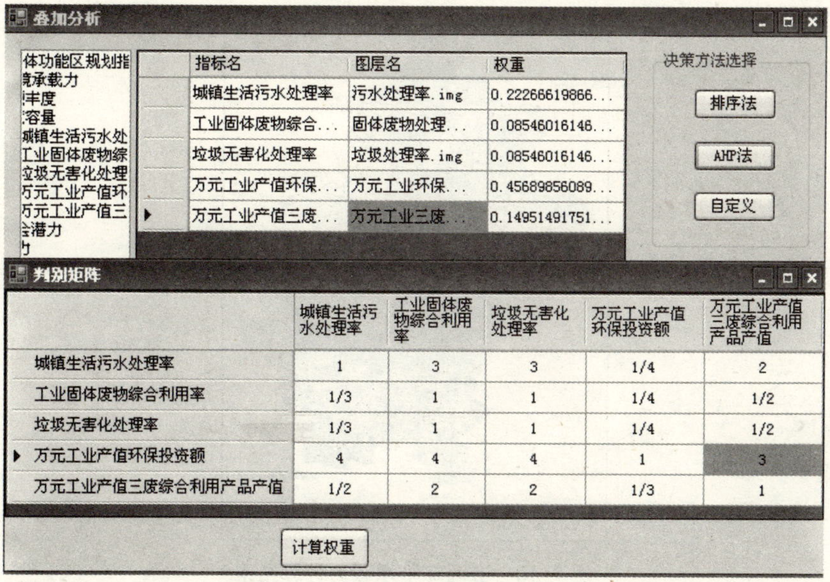

图 7-8 AHP 计算环境容量指标权重

资源丰度和环境容量准则图层数据,再次在 RMFA-PSS 的叠加分析对话框中进行叠加,权重采用"自定义"方式手动输入 0.5(图 7-9),得到资源环境承载力的 img 数据图层,如图 7-10 所示。

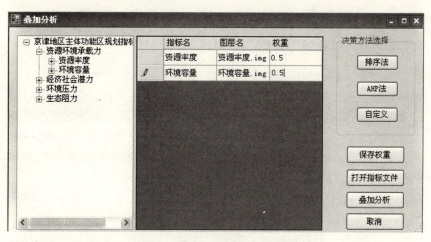

图 7-9 资源环境承载力叠加求解

图 7-10 资源环境承载力计算结果

京津地区的自然资源在总量上较为丰富,但由于人口密集,开发时间长,人均占有量较为缺乏,分布也不均匀。但是京津地区经济发达,环境治理上的投入较为充足,在环境容量上得到一定的提升。从图 7-10 的计算结果可以看到,京津地区资源环境承载力较好的地区主要集中在沿海一线和北部山区,中部经济较为发达地区的承载力较差。

7.5.3 经济社会潜力计算

经济社会潜力包括经济、交通、城镇和社会四个准则层,共计 13 个具体指标。按照常规 AHP 方法计算权重时,需要多次计算,即先对每个准则层的指标计算,然后再对四个准则层计算一次。由于需要进行多次主观判断指标之间的相对重要性,而一些指标又难以进行主观评判,因此用 AHP 方法的误差较大。为此采用 4.4.2 节中的基于实数编码加速遗传算法的"投影寻踪方法"对 13 个指标进行客观赋权。

这里经济社会潜力共 13 个指标,对应一个 13 维的数据空间,运用投影寻踪模型从 13 维数据自身的结构特征出发,将其投影到一维子空间上。不同的投影方向反映了不同的数据结构特征,最佳投影方向就是最能暴露这 13 维数据特征结构的投影方向,同时也反映了每一个指标数据对产生整个数据结构特征的贡献大小,把最佳投影方向归一化后即是每个指标的权重。4.4.2 节中已经给出了投影寻踪和加速遗传算法的原理和公式,在此用国际通用的科学计算软件 Matlab 7.9 对其算法进行编程求解,步骤如图 7-11 所示。

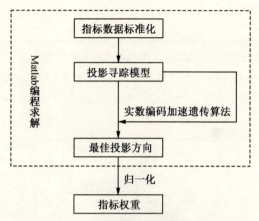

图 7-11 经济社会潜力指标权重求解步骤

在 Matlab 中,设置遗传算法的主要参数,选定父代初始种群规模 $n=400$,交叉概率 $p_c=0.80$,变异概率 $p_m=0.80$,优秀个体数目设为 20,$\alpha=0.05$,加速运算次数为 20,得到最大投影指标值为 8.73156,最佳投影方向和归一化后的各个指标的权重如表 7-9 所示。

表 7-9 经济社会潜力指标的最佳投影方向和标准权重值

指标	最佳投影方向	标准化权重
人均 GDP	0.040 47	0.015 87
单位国土面积财政收入	0.360 91	0.141 52
单位国土面积固定资产投资	0.343 98	0.134 88
工业产值占 GDP 比重	0.000 03	0.000 01
等级公路路网密度	0.000 09	0.000 04
铁路路网密度	0.051 92	0.020 36
城镇化水平	0.329 43	0.129 18
城镇建设用地面积占国土面积比重	0.590 08	0.231 38
人口密度	0.501 73	0.196 74

续表 7-9

指　　标	最佳投影方向	标准化权重
人均教育经费支出	0.021 20	0.008 31
万人病床位数	0.045 26	0.017 75
人均社会消费品零售额	0.110 43	0.043 31
人均邮政业务量	0.154 73	0.060 67

在 RMFA-PSS 中，先将 13 个指标栅格化转为 img 数据，再进行指标叠加分析。通过叠加分析对话框中的"自定义"方式手动输入 13 个指标的权重，执行叠加分析，得到京津地区经济社会潜力的 img 数据图层，如图 7-12 所示。

图 7-12　经济社会潜力计算结果

京津地区的经济社会潜力计算结果显示，北京和天津中心城区潜力最高，然后依次往外降低，基本呈圈层结构。北京市区的经济发展状况最好，其次为天津市区和北京部分城郊区，廊坊和霸州的经济发展程度也较高。综合京津地区的社会经济发展水平，显示地区之间差异很大，总体上可以总结为双核和双廊态势。首先以北京和天津市中心为经济社会发展潜力最大的核心区，向郊区依次降低；同时京津地区的社会经济发展水平呈现双廊态势，第一条廊道以北京天津市中心为端点相连接,形成双核走廊,此点类似于美国华盛顿—巴尔的摩地区的双核结构(宗跃光,2005;Zhang,et al.,2008);第二条廊道为天津市中心和霸州相连,形成一条向西发展的走廊。

本书采用最新的数据降维技术——投影寻踪模型,在理论上最大限度地避免了主观赋权的不足,相对客观公正地得到了所选取的 13 个评价指标的权重,可为区域主体功能区规划研究提供新的思路与方法。但也应看到,该模型方法尚属于首次应用到区域主体功能区规划实践中,所以还需要进一步地分析与探索,从而充分挖掘其在区域主体功能区规划中的应用价值。

7.5.4 环境压力计算

环境压力的 3 个指标分别为万元工业产值废水排放量、万元工业产值二氧化硫排放量、万元工业产值工业烟尘排放量,由于指标较少且均为主要环境污染物,在权重上采用等权处理。在 RMFA-PSS 中同资源环境承载力计算的操作步骤,得到京津地区环境压力的 img 数据图层,如图 7-13 所示。

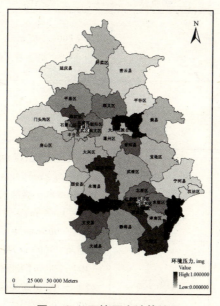

图 7-13 环境压力计算结果

近年来,北京地区加快了产业结构转变的进程,而随着污染型的工业向北京周边地区扩散,天津、廊坊等地成为从北京迁出产业的承接地。这促使当地工业迅速发展成长起来,工业产值迅速增加,但同时也给天津、廊坊造成了很大的环境压力。计算结果显示京津地区的环境压力呈现出一横一纵两条压力带,横向包括霸州、西青区、大港区、塘沽区;纵向包括三河、香河、廊坊一带。天津地区环境压力最大,主要集中在沿海地区,北京地区环境压力最小。总体上,京津地区环境压力呈现出从东南向西北依次减小的趋势。

7.5.5 生态阻力计算

如第 4 章所述,生态阻力和生态适宜性成反比关系,计算区域空间开发的生态阻力首先要进行京津地区空间开发的生态适宜性评价。生态适宜性评价的原理见 4.6 节,根据京津地区的生态环境特点,本节构建了京津地区空间开发生态适宜性评价的指标体系,具体见表 7-10。

表 7-10 京津地区空间开发生态适宜性评价指标体系

一级指标	二级指标	三级指标	适宜性赋值
地形	高程	<200 m	7
		200—500 m	5
		500—800 m	3
		>800 m	1
	坡度	>25°	1
		15°—25°	3
		7°—15°	5
		<7°	7
水体	主要河流	河道及<200 m 缓冲区	1
		200—500 m 缓冲区	3
		500—800 m 缓冲区	5
		800—1 000 m 缓冲区	7
		>1 000 m 缓冲区	9
	一般河流	河道及<100 m 缓冲区	1
		100—200 m 缓冲区	3
		200—300 m 缓冲区	5
		300—500 m 缓冲区	7
		>500 m 缓冲区	9

续表 7-10

一级指标	二级指标	三级指标	适宜性赋值
水体	次要河流	河道及<50 m 缓冲区	1
		50—100 m 缓冲区	3
		100—150 m 缓冲区	5
		150—200 m 缓冲区	7
		>200 m 缓冲区	9
	重要湖泊	湖区及<500 m 缓冲区	1
		500—1 000 m 缓冲区	3
		1 000—1 500 m 缓冲区	5
		1 500—2 000 m 缓冲区	7
		>2 000 m 缓冲区	9
	一般湖泊	湖区及<100 m 缓冲区	1
		100—200 m 缓冲区	3
		200—300 m 缓冲区	5
		300—500 m 缓冲区	7
		>500 m 缓冲区	9
植被		农田	3
		林田	5
		草地	5
		未利用地	7
保护区		国家级保护区	1
		省级保护区	3
		市级保护区	5
		缓冲区	5

在 RMFA-PSS 中对地形、植被和保护区的各个指标进行重分类和适宜性赋值操作,对水体的各个 shp 矢量数据进行多级缓冲区分析,并赋予相应的适宜性值,如图 7-14 所示。再把缓冲区数据转成 img 栅格数据,得到各个指标因子的适宜性评价数据图层。

利用 RMFA-PSS 的指标综合命令进行各个指标的空间叠加分析。在指标权重上,首先用 AHP 法分别计算地形、水体、植被、保护区的各个指标权重,得到地形因子图、水体因子图、植被因子图和保护区因子

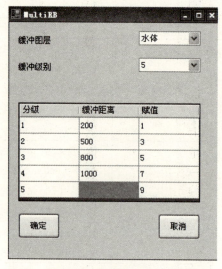

图 7-14　多级缓冲区分析

图;其次用 AHP 法计算地形、水体和植被的权重并叠加得到一个图层,然后用该图层和保护区因子图层按照取大原则进行叠加分析,得到最后的生态适宜性评价结果如图 7-15 所示。

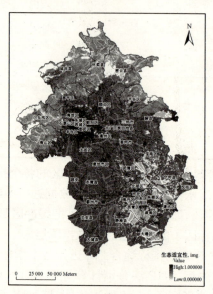

图 7-15　生态适宜性评价结果

由第 4 章区域主体功能区规划决策方法可知,生态阻力和生态适宜性呈反比关系,即适宜性等级越高则生态阻力越小,反之越大。利用公式(4-15)计算得到京津地区空间开发的生态阻力如图 7-16 所示。

图 7-16 生态阻力计算结果

总体上看,京津地区生态阻力较高的区域主要集中在北部燕山山脉地区、天津南部的湿地和水网较发达的东南地区,北京和天津之间、廊坊市的大部分地区地势平坦,阻力较低。其中阻力最大的地区为密云水库地区,其是北京地区的主要饮用水源地,其他如延庆县的西北(永定河上游)区域、门头沟区的西部和北部地区、平谷区的东南部地区等都是生态阻力较高的区域。

7.6 多情景规划决策

按照区域主体功能区规划决策方法中的情景规划分析,区域主体功能区规划将有两种情景规划模式,即"以保护为主、开发为辅"和"以开发为主、保护为辅"。前者是一种生态限制性开发模式,目的是为了防止城镇"摊大饼"式的无序蔓延和扩张,以集约型土地利用为核心,禁止开发生态条件很脆弱的地区,限制开发生态潜力不太好的区域,适当发展社会经济条件较好的区域,简言之就是要能够在空间开发中有效地保护京津地区的生态环境、农田、水体等关键自然资本。后者是一种促进性开发模式,目的是为了满足京津地区构建国际化大都市区对城镇建设用地快速增长的需求,从而大力推进京津地区的城镇化发展战略,促进京津地区经济社会又好又快的发展,简言之是推进快速城镇化的空间开发模式。

7.6.1 两种发展情景下的规划方案

1) 保护为主、开发为辅情景下的规划方案

此情景下的作用力权重以生态阻力最大,经济社会潜力次之。利用 RMFA-PSS 的 AHP 计算功能,根据上述分析,得到此情景下的四个基本作用力的权重(图 7-17)。

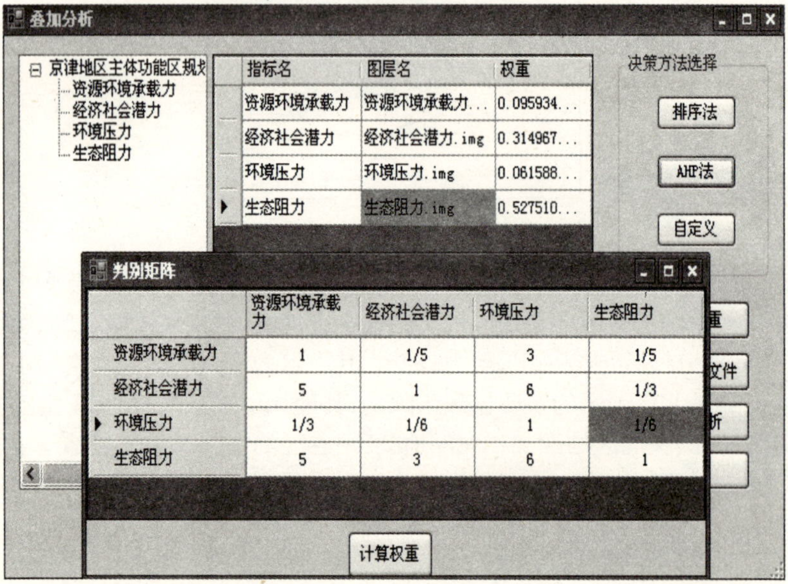

图 7-17 基本作用力权重计算

按照模型求解公式,利用 RMFA-PSS 的指标综合功能,先对资源环境承载力和经济社会潜力进行叠加综合,再对环境压力和生态阻力进行叠加综合,得到两个数据图层,即由资源环境承载力和经济社会潜力构成了区域空间开发的"总潜力",环境压力和生态阻力构成了区域空间开发的"总阻力"。

在 RMFA-PSS 中,打开"规划编制"菜单下的"功能区规划"命令对话框(图 7-18),在潜力要素中选择资源环境承载力和经济社会潜力叠加得到的数据图层,在阻力要素中选择环境压力和生态阻力叠加得到的数据图层,点击"要素综合"按钮,执行模型中的相减操作,得到 IPI 值。点击"显示直方图"按钮,显示 IPI 的直方图,再点击"显示区间"按钮,系统以 0 为分界点,给出了 IPI 区间的划分方案。其中 0 点是固定不变的,是划分开发类功能区(优化开发与重点开发)和保护类功能区(限制开发与禁止开发)的分界点,而优化开发和重点开发的分界点、限制开发和禁止开发的分界点规划者可根据需要灵活设置,由此体现了规划的刚性和弹性。在京津地区主体功能区规划中采用取中值来设置这两个分界点,最后点击"区域划分"按钮,系统按照设置好的分界点完成四类主体功能区划分并显示在视图中,由此得到生态限制性情景模式下的京津地区主体功能区规划方案(图 7-19)。

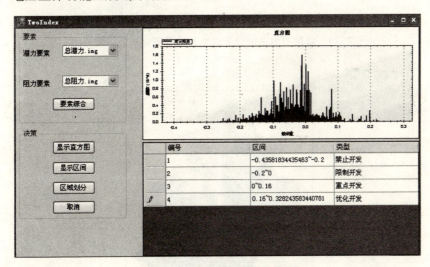

图 7-18 功能区规划操作界面

2) 开发为主、保护为辅情景下的规划方案

此情景下的四个基本作用力的权重和前一种发展情景下的基本相同,只是将经济社会潜力和生态阻力的权重进行对调,即经济社会潜力的权重最大,经济社会目标成为最主要的决策影响因子。同上,在 RMFA-PSS 中,完成此情景下的京津地区主体功能区规划方案如图 7-20 所示。

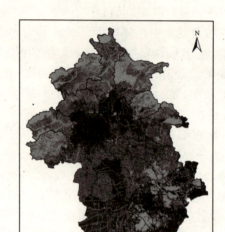

图 7-19 以保护为主情景下的京津地区主体功能区规划图

图 7-20 以开发为主情景下的京津地区主体功能区规划图

7.6.2 两种规划方案分析

由图 7-19 看出,在以保护为主情景下的规划方案中,优化开发区主要为北京、天津、廊坊的中心市区,重点开发区则为北京、天津、廊坊社会经济发展条件较好的近郊区县。而在北京的北部燕山山脉地区,包括房山区、门头沟区、昌平区北部、延庆县、怀柔区、密云县、平谷区形成了一个巨大的生态保护带,其主要为限制开发区和禁止开发区。这些区县中的部分地区虽有一些重点开发地块,但面积很小。在北京和天津之间的广大腹地则形成了一个以限制开发区为主的生态限制带(不包括廊坊市区),包括蓟县、香河县、宝坻区、武清区、永清县、固安县、大兴区和通州区。总体看,此情景下的规划方案把整个京津地区划分成四个功能区带,从北到南依次是燕山山脉生态保护带,北京及其近郊区的开发带,北京天津之间的生态限制带,天津和其近郊区以及廊坊市区、霸州、文安构成的南部开发带。根据 RMFA-PSS 的统计得到各功能区的面积比例,其中限制开发区面积占比达到 46%,其次是重点开发区和禁止开发区,分别占 26% 和 22% 左右,优化开发区则占比 5.03%(表 7-11)。

表 7-11　不同发展情景下的京津地区主体功能区面积及占比

功能区类型	保护为主、开发为辅		开发为主、保护为辅	
	面积(km²)	比例(%)	面积(km²)	比例(%)
禁止开发区	7 752.06	22.53	5 701.36	16.57
限制开发区	15 927.33	46.29	13 666.75	39.72
重点开发区	8 997.62	26.15	12 751.50	37.06
优化开发区	1 730.71	5.03	2 288.11	6.65

由图 7-20 可以发现,在以开发为主情景下的规划方案中,优化开发区仍以北京、天津中心市区为主,与以保护为主的方案相比增加了包括塘沽区大部和大港区一部分的临海优化开发带,在空间上形成了"两点一带"的优化开发布局。重点开发区包括北部的北京近郊区县,南部的天津近郊区县和廊坊市的霸州、文安、大城,而廊坊市区则成为一个重点开发的走廊,把南北两大开发带紧密连接起来,形成了一个巨大的"哑铃"形的空间开发带。"哑铃"的两头为北京、天津两大国家级中心城市,中间则为享有"京津走廊明珠"和"联京津之廊、环渤海之坊"等美誉的廊坊市,此点和京津地区的客观现实情况是高度一致的,这也从一个侧面

说明了规划方案的科学性、合理性。

在此空间开发带上,京津周边有大量的重点开发城镇,这些城镇连绵成片,呈现出扩散态势。其发展方向基本为:北京的西南方向向保定延伸;南部向大兴、廊坊、天津、塘沽即沿着京津塘发展;东部经通州、顺义向廊坊北部的三河、大厂、香河三县扩展。天津向北和西扩张。北京和天津中心城区有相连形成"双核廊道"结构的趋势。北京未来不宜向生态阻力较大的西部和北部发展,而是面向东南方向,通过廊坊、霸州与天津中心市区及塘沽滨海区构成本区都市化区域的主轴线。

此情景下的限制开发区、禁止开发区形成了一个基本环绕北京(在廊坊市区处断开)、面向天津的空间开发的保护和限制带。和前一情景方案相比,最大的变化在于北京、天津之间的腹地上,大兴、通州、香河由限制开发变为重点开发,其余地区则变化不大。总的来看,空间开发的限制带和开发带相互交错、镶嵌,构成了此情景下的规划方案的主体结构。

统计显示(表 7-11),和以保护为主的规划方案相比,开发为主的规划方案中禁止开发区占比 16.57%,下降了 5.96%,限制开发区占比下降了 6.57%,重点开发区则增加了 10.91%,优化开发区则增加了 1.62%。此表明根据不同的发展情景分析,通过在规划模型中设置四个基本作用力的不同权重,较好地实现了多目标、多属性约束下的京津地区主体功能区规划方案决策。

7.6.3 规划方案选择与分析

通过前述规划决策与系统操作,得到了京津地区两种不同情景模式、不同政策导向下的主体功能区规划方案。但指导京津地区下一步空间开发的将只能有一种方案,在此按照 4.7 节中的"定性分析"和"定量分析"来选择其中一个模式下的方案,从而得到最终的京津地区主体功能区规划方案。

作为国家"十一五"规划的重点发展地区之一、中国三大城镇密集区之一和环渤海经济区核心的京津地区,在建设国际化大都市区的战略背景下,在北京、天津两大国家级中心城市的拉动下,在中国经济保持高速增长以及北京亦庄新城、天津滨海新城等一批国家级开发区的刺激带动下,城镇化的快速发展将不可避免。另一方面,京津地区经济发达、科技水平高,其近年来的空间开发效率一直很高,2003年以来的综合开发效率一直处于综合有效的状态。这说明了京津地区在空间开发过程中对投入资源的配置、利用和转化为产出的能力很强,进行空间开发的潜力巨大。因此,从外部战略选择和自身发展的能动性来看,本研究得到的两种方案中以后一种方案,即以"开发为主、保护为辅"的模式和京津地区的实际情况更为吻合,更符合京津地区未来的发展战略需求。因此,本书选择图7-20以开发为主情景下的规划方案作为最终的京津地区主体功能区规划方案。这就要求在充分考虑京津地区自然生态环境的约束和限制条件下,实现经济社会快速发展和都市化区域的有序扩张将是京津地区下一步空间开发的主要目标。

从京津地区主体功能区规划实践中可以看出,规划模型中的承载力、潜力和压力是基于各个区县统计数据计算得到的,即以行政区为规划空间单元;生态阻力是基于研究区30 m分辨率遥感影像计算得到的,打破了行政区的限制,而四个基本作用力综合后的规划结果则是行政区和非行政区的统一。这是对目前的区域主体功能区规划模式(按行政区进行)的一次改进和提升,可以在规划时有效打破行政区的束缚,真正实现"打破行政区"的规划模式。这样做最大的优点在于一个行政区可能是多个主体功能的综合体,避免了行政区单一主体功能定位的局限性。就区域发展的利益而言,在目前为主体功能区配套的各项政策尚未落实之前,划入优化开发或重点开发是每个行政区的目标所在,而一旦划入限制或禁止开发区,其开发建设的积极性、能动性将会受到极大的影响,这既不利于区域的协调发展,也违背了区域主体功能区规划的初衷。而引入生态阻力,在保护区域关键自然资本实现强可持续发展的目标下,行政区内部的空间开发也能够量力而行,其规划结果也是多个主体功能的综合。这样每一个行政区可以有一个占主导地位的主体功能定位,在其内部又可以做到开发中有保护,保护中也有开发,从而实现开发和保护的有机统一。以图7-20中的怀柔区为例,若没有生态阻力的引入,怀柔区的全部只能被划为某一种类型的主体功能区。而引入生态阻力后,其主导功能定位是限制开发区,但其境内又被细划为三种主体功能区,靠近顺义区的是面积较大的重点开发区,这是北京近郊重点开发区的延伸;最北部的喇叭沟门自然保护区被划为禁止开发区;其余地区则是大面积的限制开发区以及镶嵌其中的面积较小的重点开发区。由此,规划结果能为怀柔区制定空间开发政策提供科学的决策支持,使其可以在开发和保护中找到一种平衡,进而为实现区域协调发展奠定坚实的基础。在图 7-20 京津地区最终的主体功能区规划方案中,京津三市各区县的四类主体功能区占行政区面积的比例及主导功能定位详见表 7-12 至表 7-14。再对表 7-12 至表 7-14 进行汇总,得到京津地区四类主体功能区所包括的区县名录,详见表 7-15。

表 7-12　北京市各区县主体功能区占比及主导功能

区县	禁止开发(%)	限制开发(%)	重点开发(%)	优化开发(%)	主导功能
东城区	0.00	0.00	0.00	100.00	优化开发
西城区	0.00	0.00	0.00	100.00	优化开发
崇文区	0.00	0.00	0.00	100.00	优化开发
宣武区	0.00	0.00	0.00	100.00	优化开发
朝阳区	0.01	0.01	0.46	99.52	优化开发
丰台区	0.01	0.04	4.46	95.49	优化开发
石景山区	0.01	0.04	3.98	95.97	优化开发
海淀区	0.00	0.05	1.52	98.43	优化开发
门头沟区	27.37	57.17	15.45	0.01	限制开发
房山区	28.39	59.96	11.65	0.00	限制开发
通州区	1.61	16.31	82.08	0.00	重点开发
顺义区	0.57	8.25	91.18	0.00	重点开发
昌平区	3.63	47.85	48.52	0.00	重点开发
大兴区	0.43	19.03	80.52	0.02	重点开发
怀柔区	15.90	61.45	22.65	0.00	限制开发
平谷区	69.85	26.03	4.12	0.00	禁止开发
密云县	42.68	52.31	5.01	0.00	限制开发
延庆县	51.86	44.53	3.61	0.00	禁止开发

表 7-13 廊坊市各区县主体功能区占比及主导功能

区县	禁止开发(%)	限制开发(%)	重点开发(%)	优化开发(%)	主导功能
廊坊市区	0.03	8.47	91.50	0.00	重点开发
固安县	0.80	83.25	15.94	0.00	限制开发
永清县	6.98	78.46	14.56	0.00	限制开发
香河县	1.40	39.19	59.41	0.00	重点开发
大城县	0.77	31.26	67.97	0.00	重点开发
文安县	0.56	28.92	70.52	0.00	重点开发
大厂回族自治县	0.57	38.63	60.80	0.00	重点开发
霸州市	1.15	16.37	82.48	0.00	重点开发
三河市	0.29	17.69	82.02	0.00	重点开发

表 7-14 天津市各区县主体功能区占比及主导功能

区县	禁止开发(%)	限制开发(%)	重点开发(%)	优化开发(%)	主导功能
和平区	0.00	0.00	0.00	100.00	优化开发
河东区	0.00	0.00	0.00	100.00	优化开发
河西区	0.00	0.00	0.00	100.00	优化开发
南开区	0.00	0.00	0.00	100.00	优化开发
河北区	0.00	0.00	0.00	100.00	优化开发
红桥区	0.00	0.00	0.00	100.00	优化开发
塘沽区	0.02	0.97	38.33	60.68	优化开发
汉沽区	5.43	16.08	78.49	0.00	重点开发
大港区	0.11	8.09	59.65	32.15	重点开发
东丽区	7.77	25.95	66.27	0.01	重点开发
西青区	5.43	35.48	59.09	0.00	重点开发
津南区	13.15	36.47	50.35	0.03	重点开发
北辰区	4.99	14.25	67.52	13.24	重点开发
武清区	14.37	67.27	18.36	0.00	限制开发
宝坻区	18.25	67.62	14.13	0.00	限制开发
宁河县	17.46	37.65	44.89	0.00	重点开发
静海县	15.10	33.95	50.95	0.00	重点开发
蓟县	29.70	54.91	15.39	0.00	限制开发

表 7-15　京津地区四类主体功能区汇总表

主体功能区	区县				数量
禁止开发		平谷区	延庆县		2
限制开发	房山区 固安县 武清区	怀柔区 永清县 宝坻区	密云县 蓟县	门头沟区	9
重点开发	通州 香河县 霸州市 汉沽区 津南区	顺义区 大城县 三河市 大港区 北辰区	昌平区 文安县 大厂回族自治县 东丽区 宁河县	大兴区 廊坊市区 西青区 静海县	19
优化开发	东城区 朝阳区 和平区 河北区	西城区 丰台区 河东区 红桥区	宣武区 海淀区 河西区 塘沽区	崇文区 石景山区 南开区	15

需指出的是,本书得到的京津地区主体功能区最终规划方案是建立在 2007 年相关数据资料的基础之上。而近三年京津地区的重大发展事件主要有三项:

(1) 2008 年,北京举办了第 29 届夏季奥林匹克运动会,为此北京进行了大规模的基础设施建设,优化经济结构,加强环境综合治理,大力推进相关产业的改造和升级。

(2) 2009 年 10 月,位于朝阳区的北京 CBD 东扩方案公布,在原 CBD 基础上新增约 3 km² 建设区域,同时还增加约 3.97 km² 的规划控制区,正式拉开了北京新一轮大规模的空间开发序幕。北京 CBD 东扩及其带动下的区域产业新格局将使北京东部地区实现大发展,同时为与北京紧密相连、素有河北"经济特区"和北京"后花园"之称的廊坊北部三市(县)三河、大厂、香河带来绝好的发展机遇。进一步为廊坊的整体发展提供了新契机,其可以全面对接北京为突破口,打造承接北京产业转移与升级的新基地和新空间。

(3) 2009 年 11 月,国务院批准天津市调整部分行政区划,撤销塘沽区、汉沽区、大港区,设立滨海新区,以原 3 个区的行政区域为滨海新区的行政区域,塘沽区成为滨海新区的中心区。至此,滨海新区被正式纳入国家整体发展战略,成为中国继深圳特区和上海浦东新区之后的又一个重点开发开放的区域。

从图 7-20 的规划图中可看到，北京 CBD 核心区的朝阳区被划为优化开发区，其东部的通州、顺义、三河、大厂、香河均被划为重点开发区；而天津的汉沽、大港被划为重点开发区，塘沽则被划为优化开发区。这两点被此后北京 CBD 东扩、天津滨海新区成立的京津地区空间开发的现实所印证。由此说明了规划方案具有较好的对未来发展的可预见性，进而体现了区域主体功能区规划决策模型、决策方法和规划支持系统的科学性。

7.7　小结

本章以京津地区主体功能区规划为实证，重点论述了区域主体功能区规划支持系统 RMFA-PSS 的应用。通过对 RMFA-PSS 的运用及成果图件的展示对系统主要功能做了演示，具体阐述了 RMFA-PSS 的工作流程和主要操作步骤，详细论述了区域主体功能区规划决策模型、决策方法在系统和规划实践中的应用。

京津地区是国家"十一五"规划的重点发展地区之一，如何进行主体功能区划分是一个具有理论与实践意义的重大课题。利用 RMFA-PSS，本章分别计算了京津地区的资源环境承载力、经济社会潜力、环境压力、生态阻力，根据对京津地区未来发展的情景分析，得到了不同发展政策导向下的两种主体功能区规划方案，再通过对发展战略的定性分析和空间开发效率的定量分析而得到最终的规划方案，由此逐步实现空间规划的科学决策过程，为京津地区下一阶段的空间开发提供了科学的决策支持。规划结果符合京津地区发展的客观现实，表明本书构建的规划决策模型、决策方法和规划支持系统具有较强的科学性和实用性。

8 研究总结与展望

本书在对区域主体功能区规划相关研究进行综述的基础上,针对区域主体功能区规划中的技术难点和问题,从区域空间开发受力分析的角度出发,以构建区域主体功能区规划支持系统为研究中心,深入探讨了区域主体功能区规划的决策技术,包括规划决策模型、决策方法、规划支持系统的开发设计以及系统的应用等。本书主要在区域主体功能区规划决策的技术方法和应用系统上取得了一定的进展,但在一些方面仍存在不足,有待继续深入和完善。

8.1 主要总结

1) 对区域主体功能区规划的基础理论问题进行了梳理

通过对目前已有的区域主体功能区规划理论与方法研究的总结,结合相关理论研究成果,系统梳理了区域主体功能区规划的基本问题。在此基础上,明确了本书的中心内容是区域主体功能区规划支持系统及其中的关键决策技术方法研究。

2) 运用科学决策的方法解决了区域主体功能区规划中的关键技术问题

区域主体功能区规划的中心思想是可持续发展理念,规划决策的核心是生态价值观和生态技术。本书运用科学决策方法解决了区域主体功能区规划中的关键技术问题,将关键自然资本不能减少的强可持续发展生态阈值理论与主体功能区规划的综合评价技术相结合,借鉴损益分析法的思路,把自然资本价值的增减落实到区域空间上,通过构造综合划分指数 IPI,得到了生态零点这一划分开发类和保护类的关键点,实现了区域主体功能区的科学规划,从而解决了目前区域主体功能区规划中开发类和保护类的阈值确定这一关键技术问题。

从区域空间开发的受力分析出发,引入空间质点假设和发展机会平等假设,借鉴经典力学定律,将空间开发的生态适宜性评价技术有机融合到区域主体功能区规划中,首次构建了区域主体功能区的规划决策模型——空间超维作用力模型。研究提出区域主体功能区规划要综合考虑四种基本作用力,即资源环境承载力、经济社会潜力、环境压力和生态阻力,空间开发要量力而行。

根据多准则决策理论,从规划指标、指标分值、指标权重、决策规则等方面构建了一个系统的规划决策方法体系,包括:在指标体系上采用"目标层—约束层—准则层—指标层"的四级体系构建方法;在指标分值上采用极差标准化进行指标赋值;在指标权重计算上采用主客观组合赋权法,除了利用传统的层次分析法进行主观赋权外,首次在区域主体功能区规划中运用基于实数编码加速遗传算法的投影寻踪模型对指标进行客观赋权;在决策规则上采用线性加权求和法进行指标的综合处理;根据规划支持系统的特点,首次在区域主体功能区规划中引入情景规划分析法,得到了两种不同政策导向下的区域主体功能区情景规划模式;进一步首次采用数据包络分析模型对区域空间开发的效率进行定量测度和评价,再结合定性分析而得到最终的规划决策方案。

3) 按决策模型、决策方法和 GIS 的集成思路构建了区域主体功能区规划支持系统

在规划决策模型和决策方法的基础上,按照专业模型与 GIS 进行集成的总体思路,基于西方学者提出的"规划支持系统"思想,立足我国区域主体功能区规划的客观现实,分析了基于 GIS 进行 RMFA-PSS 开发的必要性、可能性以及开发模式的选择等有关系统开发的基本问题。然后,本书在 Visual Studio 2005 . NET 可视化开发平台上,基于 ArcGIS Engine 9.2 技术,利用 VB. NET 语言,实现了区域主体功能区规划决策模型、决策方法、常用 GIS 功能以及其他非 GIS 功能的一体化综合集成,开发设计了一个适用于区域主体功能区的规划支持系统 RMFA-PSS。同时,对 RMFA-PSS 的开发目标、原则、体系架构、运行环境等作了阐述,并对 RMFA-PSS 的功能模块进行了详细分析和说明。

利用所开发的 RMFA-PSS,根据规划决策模型和决策方法完成了京津地区的主体功能区规划,规划结果科学合理,符合京津地区发展的客观现实,取得了满意的系统应用效果。系统的成功应用说明:本书构建的规划决策模型和决策方法直观而明确,具有广泛的通用性;而集成了规划决策模型和决策方法的 RMFA-PSS 是一个具有系统性、完整性、结构紧密的运行实体,具有较好的科学性、实用性和灵活性,可以为区域主体功能区规划提供强有力的决策支持。

8.2 主要创新点

(1) 基于强可持续发展生态阈值理论和区域综合生态价值观构建了区域主体功能区的规划决策模型,即基于"承载力—潜力—压力—阻力"的空间超维作用力模型,通过构造综合划分指数 IPI,解决了目前区域主体功能区规划中开发类和保护类的阈值确定这一关键技术问题,实现了区域主体功能区的科学规划。

(2) 提出了一套系统的规划决策方法,采用了包括基于遗传算法的投影寻踪模型、数据包络分析模型、基于遥感和 GIS 的生态适宜性评价、情景规划分析等先进的现代数据分析处理和决策技术,提高了规划的科学性和技术含量,为区域主体功能区规划运用先进的技术方法作出了有益的探索。

(3) 把先进的规划支持系统引入到区域主体功能区规划中,利用现代计算机和空间信息技术,通过将规划决策模型、规划决策方法与 GIS 进行有机集成和一体化定制,自主研发了一个灵活高效的区域主体功能区规划支持系统,进而在系统成功应用的基础上实现了对区域主体功能区规划的科学决策支持。

8.3 研究展望

区域主体功能区规划的对象是由自然、经济、社会构成的区域复杂系统,涉及因素众多。同时区域主体功能区规划也是一项全新的研究课题,从学科研究的发展历程看,其正处于起步向深入的过渡阶段,还有许多问题需要进一步探讨。本研究虽然取得了一定的成效,但由于研究问题的复杂性、笔者的时间和知识面的限制,研究成果在以下方面还有待于进一步深入探索和发展完善。

(1) 空间超维作用力模型是对区域复杂系统的一种抽象和概括,区域空间开发过程中可能不仅仅受到本书所提出的四种基本作用力,还有一些更为抽象的力,如政治、文化、价值观等更难以量化的力的影响。这些作用力也会对规划决策产生影响,如何定量地把这些作用力加入到模型中将是一个富于挑战的课题。

(2) 本研究提出通过生态零点来划分开发类和保护类功能区,但是由于四个基本作用力中的某个或几个改变,则会产生"零点漂移"。即使指标体系、分值和叠加规则完全一致,但是体现决策者对未来发展预期的权重改变,也会得出不同的结果,因此规划结果还有待实践的进一步检验。

(3) 就本研究所开发的区域主体功能区规划支持系统而言,仍存在继续深入设计的必要性。如所用的数据包络分析模型、遗传算法和投影寻踪模型都是借助其他软件平台得以完成,因此在下一步的系统升级中有必要将其集成进来。其他一些如对原始数据的处理操作仍要在传统的 GIS 商业软件中完成,这也构成了下一步的研究方向。此外,基于网格法的区域主体功能区规划管理模块还需要进一步的深入研究和设计。

国务院总理温家宝于 2010 年 6 月 12 日主持召开国务院常务会议,审议并原则通过《全国主体功能区规划》。2010 年 12 月 21 日,国务院向全国印发了《全国主体功能区规划》。2011 年 3 月颁布的《中华人民共和国国民经济和社会发展第十二个五年规划纲要》在第五篇第十九章中明确提出要"实施主体功能区战略"。这些国家层面的政策和方针既是对近年来区域主体功能区规划研究的肯定和赞同,又为在全国范围内继续把区域主体功能区规划推向深入提供了良好的大环境。

本研究是区域主体功能区规划决策技术、方法与应用系统层面上的一个有益探索和尝试。相信随着研究的深入,一套适合中国国情的区域主体功能区规划技术体系会逐步建立和完善起来,从而能在区域空间开发过程中起到更加科学的指导作用和发挥更强大的决策支持功能,由此对实现区域的协调可持续发展也必将起到更加科学的指导作用。

参考文献

[1] 蔡国梁,廖为鲲,涂文涛. 区域经济发展评价指标体系的建立[J]. 统计与决策,2005(19):38-41.

[2] 曹卫东,曹有挥,吴威,等. 县域尺度的空间主体功能区划分初探[J]. 水土保持通报,2008,28(2):93-98.

[3] 曹有挥,陈雯,吴威,等. 安徽沿江主体功能区的划分研究[J]. 安徽师范大学学报(自然科学版),2007,30(3):384-389.

[4] 陈百明. 中国土地利用与生态特征区划[M]. 北京:气象出版社,2003.

[5] 陈德铭. 全面贯彻落实科学发展观,扎实推进全国主体功能区规划编制工作. 在全国主体功能区规划编制工作座谈会上的讲话,2007年5月23日,广东惠州.

[6] 陈森发. 复杂系统建模理论与方法[M]. 南京:东南大学出版社,2005.

[7] 陈雯,段学军,陈江龙,等. 空间开发功能区划的方法[J]. 地理学报,2004,59(S1):53-58.

[8] 陈向义. 可持续发展中的可替代性问题分析[J]. 福建论坛,2007(9):51-54.

[9] 陈云琳,黄勤. 四川省主体功能区划分探讨[J]. 资源与人居环境,2006(10):37-40.

[10] 程建权. 城市系统工程[M]. 武汉:武汉测绘科技大学出版社,1999.

[11] 池仁勇,唐根年. 基于投入与绩效评价的区域技术创新效率研究[J]. 科研管理,2004,25(4):23-27.

[12] 池忠仁,等. 上海城市网格化管理模式探讨[J]. 科技进步与对策,2008(1):40-43.

[13] 崔功豪,魏清泉,陈宗兴. 区域分析与规划[M]. 北京:高等教育出版社,1999.

[14] 邓玲,杜黎明. 主体功能区建设的区域协调功能研究[J]. 经济

学家,2006(4):60-64.

[15] 丁四保. 中国主体功能区划面临的基础理论问题[J]. 地理科学,2009,29(4):587-592.

[16] 联合国等. 环境经济综合核算. 2003[M]. 丁言强,王艳,等译. 北京:中国经济出版社,2005.

[17] 杜黎明. 在推进主体功能区建设中增强区域可持续发展能力[J]. 生态经济,2006(5):320-323.

[18] 杜宁睿,李渊. 规划支持系统(PSS)及其在城市空间规划决策中的应用[J]. 武汉大学学报(工学版),2005,38(1):137-142.

[19] 段学军,陈雯. 省域空间开发功能区划方法探讨[J]. 长江流域资源与环境,2005,14(5):541-545.

[20] 樊杰. 我国主体功能区划的科学基础[J]. 地理学报,2007,62(4):340-350.

[21] 范中桥. 地域分异规律初探[J]. 哈尔滨师范大学学报(自然科学版),2004,20(5):106-109.

[22] 方创琳. 区域发展规划论[M]. 北京:科学出版社,2000.

[23] 方忠权,丁四保. 主体功能区划与中国区域规划创新[J]. 地理科学,2008,28(4):483-487.

[24] 冯德显,张莉,杨瑞霞,等. 基于人地关系理论的河南省主体功能区规划研究[J]. 地域研究与开发,2008,27(1):1-5.

[25] 付强,金菊良,梁川. 基于实码加速遗传算法的投影寻踪分类模型在水稻灌溉制度优化中的应用[J]. 水利学报,2002(10):39-45.

[26] 付强,刘东,王忠波. 基于参数投影寻踪模型的水稻节水栽培经济效益分析[J]. 灌溉排水学报,2003,22(2):65-68.

[27] 付强,赵小勇. 投影寻踪模型原理及其应用[M]. 北京:科学出版社,2006.

[28] 傅伯杰,陈利顶,马诚. 土地可持续利用评价的指标体系与方法[J]. 自然资源学报,1997,12(2):112-118.

[29] 傅伯杰,刘国华,陈利顶. 中国生态区划方案[J]. 生态学报,2001,21(1):1-6.

[30] 高国力. 美国区域和城市规划及管理的做法和对我国开展主体功能区划的启示[J]. 中国发展观察,2006(11):52-54.

[31] 高国力. 我国主体功能区规划的特征、原则和基本思路[J]. 中国农业资源与区划, 2007, 28(6): 8-13.

[32] 高洪深. 决策支持系统(DSS): 理论·方法·案例[M]. 北京: 清华大学出版社, 2000.

[33] 顾朝林, 张晓明, 刘晋媛, 等. 盐城开发空间区划及其思考[J]. 地理学报, 2007, 62(8): 787-798.

[34] 郭焕成. 中国农村经济区划[M]. 北京: 科学出版社, 1999.

[35] 郭腾云, 徐勇, 王志强. 基于DEA的中国特大城市资源效率及其变化[J]. 地理学报, 2009, 64(4): 408-416.

[36] 郭亚军. 综合评价理论与方法[M]. 北京: 科学出版社, 2002.

[37] 国家发展改革委宏观经济研究院国土地区研究所课题组. 我国主体功能区划分及其分类政策初步研究[J]. 宏观经济研究, 2007, (4): 3-10.

[38] 国家发展改革委宏观经济研究院国土地区研究所课题组. 我国主体功能区划分理论与实践的初步思考[J]. 宏观经济管理, 2006, (10): 43-46.

[39] 韩庆华. 坚持沿江开发战略, 放大沿江开发效应[J]. 现代管理科学, 2004(11): 3-5.

[40] 郝韦霞. 基于强可持续发展理论的企业循环型技术创新模式构建[J]. 工业技术经济, 2008, 27(7): 92-94.

[41] 何金廖. 空间规划决策支持系统在主体功能区划分中的应用研究[D]. 南京: 南京大学, 2009.

[42] 何书金, 苏光全. 开发区闲置土地成因机制及类型划分[J]. 资源科学, 2001, 23(5): 17-22.

[43] 胡宝清, 严志强, 廖赤眉. 区域生态经济学理论、方法与实践[M]. 北京: 中国环境科学出版社, 2005.

[44] 胡序威. 区域与城市研究[M]. 北京: 科学出版社, 1998.

[45] 胡序威. 我国区域规划的发展态势与面临问题[J]. 城市规划, 2002, 26(2): 23-26.

[46] 胡业翠, 刘彦随, 邓旭升. 土地利用/覆被变化与土地资源优化配置的相关分析[J]. 地理科学进展, 2004, 23(2): 51-57.

[47] 黄秉维. 中国综合自然区划的初步草案[J]. 地理学报, 1958, 24(4): 348-365.

[48] 黄贤金. 城市土地节约集约利用中的几个关系[J]. 国土资源, 2006(6): 54.

[49] 黄杏元,马劲松,汤勤. 地理信息系统概论[M]. 北京:高等教育出版社,2001.

[50] 霍兵. 中国战略空间规划的复兴和创新[J]. 城市规划,2007,31(8): 19-29.

[51] 霍斯特·西伯特. 环境经济学[M]. 蒋敏元译. 北京:中国林业出版社,2002.

[52] 姜启源. 数学模型[M]. 北京:高等教育出版社,1993.

[53] 蒋波涛. ArcObjects 开发基础与技巧[M]. 武汉:武汉大学出版社,2006.

[54] 金菊良,丁晶. 遗传算法及其在水科学中的应用[M]. 成都:四川大学出版社,2000.

[55] 金菊良,魏一鸣. 复杂系统广义智能评价方法与应用[M]. 北京:科学出版社,2008.

[56] 金旭亮. 编程的奥秘——.NET 软件技术学习与实践[M]. 北京:电子工业出版社,2006.

[57] 靳东晓. 严格控制土地的问题与趋势[J]. 城市规划,2006,30(2): 34-38.

[58] 李德仁,宾洪超. 国土资源网格管理平台的框架设计与实现[J]. 测绘科学,2008(1): 7-9.

[59] 李花,高超. 我国煤炭产业区域分布与效率评价[J]. 现代商贸工业,2007,19(12): 12-14.

[60] 李慧明. 关于理解可持续发展的探究[J]. 理论与现代化,1999(12): 37-38.

[61] 李慧玲,王玉玺,孟丹. 基于区域承载力的新疆主体功能区划研究[J]. 全国商情(经济理论研究),2008(4):31-33.

[62] 李军杰. 确立主体功能区划分依据的基本思路——兼论划分指数的设计方案[J]. 中国经贸导刊,2006(11): 45-46.

[63] 李克国,魏国印,张宝安. 环境经济学[M]. 北京:中国环境科学出版社,2003.

[64] 李满春,任建武,陈刚,等. GIS 设计与实现[M]. 北京:科学出版社,2003.

[65] 李满春,余有胜. 土地利用总体规划管理信息系统研制——以江阴市及桐岐镇为例[J]. 测绘通报,1999(10):22-24.

[66] 李世泰,孙峰华. 农村城镇化发展动力机制的探讨[J]. 经济地理,2006,26(5):815-818.

[67] 李文实,黄民生,吴健平. 基于GIS的区域规划研究[J]. 世界地理研究,2003,12(4):52-55.

[68] 李雯燕,米文宝. 地域主体功能区划研究综述与分析[J]. 经济地理,2008,28(3):357-361.

[69] 李宪坡,袁开国. 关于主体功能区划若干问题的思考[J]. 现代城市研究,2007(7):28-34.

[70] 李振京,冯冰,郭冠男. 主体功能区建设的理论、实践综述[J]. 中国经贸导刊,2007(7):18-20.

[71] 李志刚. 决策支持系统原理与应用[M]. 北京:高等教育出版社,2005.

[72] 李志青. 可持续发展的"强"与"弱"——从自然资源消耗的生态极限谈起[J]. 中国人口·资源与环境,2003,13(5):1-4.

[73] 林炳耀. 城市空间形态的计量方法及其评价[J]. 城市规划汇刊,1998(3):42-46.

[74] 林炳耀. 计量地理学概论[M]. 北京:高等教育出版社,1986.

[75] 刘传明,李伯华,曾菊新. 湖北省主体功能区划分方法探讨[J]. 地理与地理信息科学,2007,23(3):64-68.

[76] 刘光. 地理信息系统二次开发教程[M]. 北京:清华大学出版社,2003.

[77] 刘俊亮,刘传立. 城市规划地理信息系统的设计与开发[J]. 科技情报开发与经济,2006,16(10):236-237.

[78] 刘妙龙,李乔. 从数量地理学到地理计算学——对数量地理方法的若干思考[J]. 人文地理,2000,15(3):13-16.

[79] 刘兴堂,吴晓燕. 现代系统建模与仿真技术[M]. 西安:西北工业大学出版社,2001.

[80] 刘莹. ArcGIS Engine的开发及应用研究[J]. 城市勘测,2006,(2):37-39

[81] 刘永,郭怀成,王丽婧,等. 环境规划中情景分析方法及应用研究[J]. 环境科学研究,2005(3):82-87.

[82] 刘雨林. 西藏主体功能区划研究[J]. 生态经济, 2007(6): 129-133.

[83] 龙瀛. 规划支持系统原理与应用[M]. 北京: 化学工业出版社, 2007.

[84] 陆大道. 关于"点-轴"空间结构系统的形成机理分析[J]. 地理科学, 2002, 22(1): 1-6.

[85] 陆大道. 中国区域发展的新因素与新格局[J]. 地理研究, 2003, 22(3): 261-271.

[86] 陆玉麒. 论点-轴系统理论的科学内涵[J]. 地理科学, 2002, 22(2): 136-143.

[87] 罗开富. 中国自然地理分区草案[J]. 地理学报, 1954, 20(4): 379-394.

[88] 马凯. 《中华人民共和国国民经济和社会发展第十一个五年规划纲要》辅导读本[M]. 北京: 北京科学技术出版社, 2006.

[89] 马立平. 统计数据标准化——无量纲化方法[J]. 北京统计, 2000(3): 34-35.

[90] 马明印, 林航. 关于吉林省主体功能区规划的思考[J]. 经济视角, 2007(12): 47-49.

[91] 马强, 宗跃光, 李益龙. 京津地区人口增长与分布的时空间演化分析[J]. 河北工程大学学报, 2007(4): 45-49.

[92] 马晓龙, 保继刚. 基于DEA的中国国家级风景名胜区使用效率评价[J]. 地理研究, 2009, 28(3): 838-848.

[93] 毛禹功, 何湘藩, 戴正德, 等. 现代区域规划模型技术[M]. 昆明: 云南大学出版社, 1993.

[94] 美国ESRI中国有限公司. What is ArcGIS9. ESRI公司系列产品介绍, 2005.

[95] 倪绍祥, 查勇. 综合自然地理研究有关问题的探讨[J]. 地理研究, 1998, 17(2): 113-118.

[96] 牛文元. 现代应用地理[M]. 北京: 科学出版社, 1987.

[97] 钮心毅. 城市总体规划中的土地使用规划支持系统研究[D]. 上海: 同济大学, 2008.

[98] 钮心毅. 规划支持系统: 一种运用计算机辅助规划的新方法[J]. 城市规划学刊, 2006(2): 96-101.

[99] 欧阳志云,王效科,苗鸿. 中国生态环境敏感性及其区域差异规律研究[J]. 生态学报,2000,20(1):9-12.

[100] 潘兴华. 浅谈网格化城市管理模式[J]. 中共宁波市委党校学报,2007(3):41-46.

[101] 裴玮. 区域空间开发理论与四川区域空间开发策略[J]. 成都大学学报(社会科学版),2006(2):21-23.

[102] 钱学森,于景元,戴汝为. 一个科学新领域——开放的复杂巨系统及其方法论[J]. 自然杂志,1990,13(1):3-10.

[103] 钱学森. 论地理科学[M]. 杭州:浙江教育出版社,1994.

[104] 钱学森. 论系统工程[M]. 长沙:湖南科学技术出版社,1982.

[105] 任美锷,杨纫章. 中国自然区划问题[J]. 地理学报,1961,27(4):29-32.

[106] 师学义. 基于GIS的县级土地利用规划理论与方法研究[D]. 南京:南京农业大学,2006.

[107] 宋小冬. 计算机景观仿真技术的实用性、可推广性[J]. 城市规划,2003(8):25-27.

[108] 倪建华,陈绥阳,孙九林. 区域资源开发模型系统[M]. 北京:中国科学技术出版社,1992.

[109] 孙陶生,王晋斌. 论可持续发展的经济学与生态学整合路径——从弱可持续发展到强可持续发展的必然选择[J]. 经济经纬,2001(5):13-15.

[110] 汤国安,杨昕. ArcGIS地理信息系统空间分析实验教程[M]. 北京:科学出版社,2006.

[111] 汪成刚,宗跃光. 基于GIS的大连市建设用地生态适宜性评价[J]. 浙江师范大学学报(自然科学版),2007,30(1):109-115.

[112] 汪劲柏,赵民. 论建构统一的国土及城乡空间管理框架[J]. 城市规划,2008,32(12):40-48.

[113] 王贵明,匡耀求. 基于资源承载力的主体功能区与产业生态经济[J]. 改革与战略,2008,24(4):109-111.

[114] 王凯. 国家空间规划体系的建立[J]. 城市规划学刊,2006,16(1):6-10.

[115] 王敏,熊丽君,黄沈发. 上海市主体功能区划分技术方法研

究[J]. 环境科学研究,2008,21(4): 205-209.

[116] 王强,伍世代,李永实. 福建省域主体功能区划分实践[J]. 地理学报,2009,64(6): 725-735.

[117] 王瑞君,高士平,张伟. 县域国土主体功能区划及空间管制[J]. 河北省科学院学报,2007,24(2): 65-69.

[118] 王万茂. 土地利用规划学[M]. 北京:科学出版社,2006.

[119] 王新涛,王建军. 省域主体功能区划方法初探[J]. 北方经济,2007(12): 11-13.

[120] (英)埃里克·诺伊迈耶. 强与弱——两种对立的可持续性范式[M]. 王寅通译. 上海:上海译文出版社,2006.

[121] 王颖晖,郭福全. 面向城市可持续发展的中国环境服务业研究[J]. 经济纵横,2009(1): 82-84.

[122] 王中兴,李桥兴. 依据主、客观权重集成最终权重的一种方法[J]. 应用数学与计算数学学报,2006,20(1): 87-92.

[123] 韦玉春,陈锁忠. 地理建模原理与方法[M]. 北京:科学出版社,2005.

[124] 魏权龄. 数据包络分析[M]. 北京:科学出版社,2004.

[125] 邬伦,刘瑜,张晶,等. 地理信息系统——原理、方法和应用[M]. 北京:科学出版社,2001.

[126] 吴殿廷,何龙娟,任春艳. 从可持续发展到协调发展——区域发展观念的新解读[J]. 北京师范大学学报(社会科学版),2006(4): 140-143.

[127] 吴今培. 复杂性管理初探[J]. 五邑大学学报(自然科学版),2006,20(2): 5-11.

[128] 吴良镛. 京津冀地区城乡空间发展规划研究[M]. 北京:清华大学出版社,2002.

[129] 吴信才. 地理信息系统原理与方法[M]. 北京:电子工业出版社,2002.

[130] (美)西蒙. 管理决策新科学[M]. 李柱流,等译. 北京:中国社会科学出版社,1982.

[131] 项静恬,史久恩. 非线性系统中数据处理的统计方法[M]. 北京:科学出版社,2000.

[132] 谢高地,鲁春霞,甄霖. 区域空间功能分区的目标、进展与方

法[J]. 地理研究,2009,28(3): 561-570.

[133] 谢小蕙,向南平. 基于 ArcGIS Engine 的开发原理和方法的探讨[J]. 城市勘测,2006(2): 46-49.

[134] 徐建刚,韩雪培,陈启宁. 城市规划信息技术开发及应用[M]. 南京:东南大学出版社,2000.

[135] 徐建华,白新萍. 区域开发模型库系统及其应用研究[J]. 国土与自然资源研究,1999,21(2): 24-27.

[136] 徐建华. 地理系统分析[M]. 兰州:兰州大学出版社,1991.

[137] 许国志,顾基发,车宏安. 系统科学[M]. 上海:上海科技教育出版社,2000.

[138] 姚士谋. 中国城市群[M]. 合肥:中国科学技术大学出版社,2006.

[139] 杨开忠,谢燮. 中国城市投入产出有效性的数据包络分析[J]. 地理学与国土研究,2002,18(3): 45-47.

[140] 杨磊,张永福,王伯超. 基于 GIS 技术的城乡土地利用规划支持系统[J]. 新疆农业科学,2008,45(2): 264-269.

[141] 杨青生,黎夏. 基于动态约束的元胞自动机与复杂城市系统的模拟[J]. 地理与地理信息科学,2006,22(5): 10-15.

[142] 杨玉文,李慧明. 我国主体功能区规划及发展机理研究[J]. 经济与管理研究,2009(6):67-71.

[143] 杨子生,郝性中. 土地利用区划几个问题的探讨[J]. 云南大学学报(自然科学版),1995,17(4): 363-368.

[144] 叶嘉安,宋小冬,钮心毅,等. 地理信息与规划支持系统[M]. 北京:科学出版社,2006.

[145] 叶玉瑶,张虹鸥,李斌. 生态导向下的主体功能区划方法初探[J]. 地理科学进展,2008,27(1): 39-45.

[146] 衣保中. 区域开发新论[J]. 东北亚论坛,2003(5): 3-7.

[147] 尹海伟,徐建刚,陈昌勇,等. 基于 GIS 的吴江东部地区生态敏感性分析[J]. 地理科学,2006,26(1): 64-68.

[148] 于英川. 现代决策理论与实践[M]. 北京:科学出版社,2005.

[149] 俞立平,潘云涛,武夷山. 学术期刊综合评价数据标准化方法研究[J]. 图书情报工作,2009,53(12): 136-139.

[150] 袁朱. 我国主体功能区划相关基础研究的理论综述[J]. 开发研

究,2007(2):24-29.
- [151] 岳超源. 决策理论与方法[M]. 北京:科学出版社,2003.
- [152] 曾玉清,黄朝峰. 高校办学效益 DEA 评价指标体系研究[J]. 大学教育科学,2006(3):38-41.
- [153] 曾珍香,顾培亮. 可持续发展的系统分析与评价[M]. 北京:科学出版社,2000.
- [154] 张富刚,刘彦随. 沿海快速发展地区城乡系统承载力的定量评估——以海南省为例[J]. 重庆建筑大学学报,2008,30(5):4-8.
- [155] 张广海,李雪. 山东省主体功能区划分研究[J]. 地理与地理信息科学,2007,23(4):57-61.
- [156] 张虹鸥,黄恕明,叶玉瑶. 主体功能区划实践与理论方法研讨会会议综述[J]. 热带地理,2007,27(2):191-192.
- [157] 张健挺,万庆. 地理信息系统集成平台框架结构研究[J]. 遥感学报,1999,3(1):77-83.
- [158] 张军,杜文,赵月. 基于 DEA 的城市交通可持续发展综合评价研究[J]. 铁道运输与经济,2007,29(8):48-52.
- [159] 张可云. 主体功能区的操作问题与解决办法[J]. 中国发展观察,2007(3):26-27.
- [160] 张雷. 基于 GIS 的北京主体功能区划分研究[D]. 南京:南京大学,2009.
- [161] 张伟,顾朝林. 城市与区域规划模型系统[M]. 南京:东南大学出版社,2000.
- [162] 张伟,刘毅,刘洋. 国外空间规划研究与实践的新动向及对我国的启示[J]. 地理科学进展,2005,24(3):79-91.
- [163] 张晓瑞,宗跃光. 京津地区空间开发效率研究[J]. 地理与地理信息科学,2009,25(6):64-67.
- [164] 张晓祥. 模糊多准则空间决策支持系统研究[D]. 南京:南京大学,2005.
- [165] 张新红,张志斌. 广东省中心城市发展潜力分析与省域城镇空间发展[J]. 亚热带资源与环境学报,2007,2(1):68-74.
- [166] 张雪松,杨宏. 利用组件式 GIS 管理地形图库的原理与过程[J]. 城市勘测,2001(3):26-30.

[167] 张永光."人工生命"研究进展[J]. 中国科学院院刊,2000(3): 169-173.

[168] 张永民,赵士洞,Verburg P H. 科尔沁沙地及其周围地区土地利用变化的情景分析[J]. 自然资源学报,2004,19(1): 29-37.

[169] 赵松乔. 中国综合自然地理区划的一个新方案[J]. 地理学报, 1983,38 (1): 1-10.

[170] 赵同谦,欧阳志云,贾良清. 基于工业总产值发展目标的城市生态承载力情景分析[J]. 中国人口·资源与环境,2004,14(3): 43-48.

[171] 赵姚阳. 区域土地生态安全研究——以江苏省为例[D]. 南京: 南京大学,2006.

[172] 赵永江,董建国,张莉. 主体功能区规划指标体系研究[J]. 地域研究与开发,2007,26(6): 39-42.

[173] 郑度,葛全胜,张雪芹,等. 中国区划工作的回顾与展望[J]. 地理研究,2005,24 (3): 330-344.

[174] 郑度. 关于地理学的区域性与地域分异研究[J]. 地理研究, 1998,17 (1): 4-9.

[175] 周立新,莫源富. "3S"技术在土地资源调查与合理规划利用中的应用研究[J]. 南方国土资源,2004(1): 17-20.

[176] 周生路. 土地评价学[M]. 南京:东南大学出版社,2006.

[177] 周颖,濮励杰,张芳怡. 德国空间规划研究及其对我国的启示[J]. 长江流域资源与环境,2006,4(15): 21-24.

[178] 朱传耿,仇方道,马晓东,等. 地域主体功能区划理论与方法的初步研究[J]. 地理科学,2007,27(2): 136-141.

[179] 宗跃光,王蓉,汪成刚,等. 城市建设用地生态适宜性评价的潜力—限制性分析[J]. 地理研究,2007,26(6): 1 117-1 126.

[180] 宗跃光,徐建刚,尹海伟. 情景分析法在工业用地置换中的应用——以福建省长汀腾飞经济开发区为例[J]. 地理学报, 2007,62(8): 887-896.

[181] 宗跃光. 大都市空间扩展的周期性特征——以美国华盛顿—巴尔的摩地区为例[J]. 地理学报,2005,60(3): 418-424.

[182] Albrechts L, Healey, Pand Kunzmann. Strategic spatial planning and regional governance in Europe [J]. Journal of

America Planning Association,2003,69(2): 113-129.

[183] Banker R D,Charnes A,Cooper W W. Some models for estimating technical and scale inefficiencies in data envelopment analysis [J]. Management Science,1984(3):1 078-1 092.

[184] Batty M. A chronicle of scientific planning,the anglo-antenna modeling; experience [J]. Journal of America Planning Association,1994,60(1): 7-16.

[185] Batty M. Planning support systems and the new logic of computation [J]. Regional Development Dialogue, 1995, 16(1):1-17.

[186] Batty M. Using GIS for visual simulation modeling [J]. GIS World,1994(10): 46-48.

[187] Bellman R E. Adaptive Control Process [M]. New York: Princeton University,1961.

[188] Bishop I. Planning support: hardware and software in search of a system [J]. Computers, Environment and Urban Systems,1998,22(3): 189-202.

[189] Carver S J. Integrating multi-criteria evaluation with geographical information systems [J]. International Journal of Geographical Information Systems,1991,5(3):321-339.

[190] Charnes A,Cooper W W,Rhodes E. Measuring the efficiency of decision making units [J]. European Journal of Operational Research,1978(2):429-444.

[191] Chuvieco E. Integration of linear programming and GIS for land-use modeling [J]. International Journal of Geographical Information Systems,1993,7(1):71-83.

[192] Clarke K C,Gaydos L and Hoppen S. A self-modifying cellular automaton model of historical urbanization in the San Francisco Bay Area [J]. Environment and Planning,1997,24(2): 247-261.

[193] Daly Herman E,Kenneth N,Townsend. Economics,Ecology, Ethics [M]. Cambridge: MIT Press,1993.

[194] Densham P. Spatial Decision Support Systems [A]//Maguire

D J, Goodchild M F, Rhind D W eds. Geographical Information Systems: Principles and Applications [C]. London: Longman, 1991.

[195] Douven W, Grothe M, Nijkamp P, et al. Urban and Regional Planning Models and GIS [A]//Masser I and Onsrud eds. Diffusion and Use of Geographic Information Technologies [C]. Dordrecht: Kluwer Academic Publishers, 1993.

[196] Eastman J R, Jiang H, Toledano J. Multi-criteria and Multi-objective Decision Making for Land Allocation Using GIS [A]//Beinat E, Nijkamp P eds. Multicriteria Analysis for Land-use Management [C]. Dordrecht: Kluwer Academic Publishers, 1998.

[197] Eastman J R, Jin W, Kyem P A K, et al. Raster procedure for multi-criteria/multi-objective decisions [J]. Photogrammetric Engineering and Remote Sensing, 1995, 61(5): 539-547.

[198] Eastman J R. Multi-criteria and GIS [A]// Longley P, Goodchild M, Maguire D and Rhind D eds. Geographical Information Systems [C]. New York: John Wiley and Sons, 1999.

[199] Figueira J, Roy B. Determining the weights of criteria in the ELECTRE type methods with a revised simon's procedure [J]. European Journal of Operational Research, 2002(139): 317-326.

[200] Friedman J H, Tukey J W. A projection pursuit algorithm for exploratory data analysis [J]. IEEE Trans. on Computer, 1974, 23(9): 881-890.

[201] Friedmann J, Weaver C. Territorial and Function: the Evolution of Regional Planning [M]. London: Edward Arnold Ltd., 1979.

[202] Geertman S, Stillwell J. Planning Support Systems in Practice [M]. Berlin: Springer, 2003.

[203] Geertman S. Geographical Information Technology and Physical Planning [A]// Stillwell J, Geertman S, Openshaw S

eds. Geographical Information and Planning[C]. Heidelberg: Springer Verlag,1999.

[204] Goldberg D E. Genetic Algorithms in Search, Optimization and Machine Learning [M]. New York: Addison-Wesley Publishing Company,1989.

[205] Gutierrez J, Monzon A, Pinero J M. Accessibility, network efficiency, and transport infrastructure planning [J]. Environment and Planning,1998(30):1 337-1 350.

[206] Harris B, Batty M. Locational models, geographic information and planning support systems [J]. Journal of Planning Education and Research,1993(12):184-198.

[207] Harris B. Beyond geographic information systems: computers and the planning professional [J]. Journal of the American Planning Association,1989(55):85-92.

[208] Harris B. Computer in planning: professional and institutional requirements [J]. Environment and Planning, 1999, 26(3): 321-331.

[209] Healey P. Collaborative Planning [M]. Hampshire; New York: Palgrave Macmillan,1997.

[210] Hinterberger F, Luks F, Schmidt Bleek F. Material flows vs. "natural capital": what makes an economy sustainable [J]. Ecological Economics,1997,23(1):1-14.

[211] Holland J H. Adaptation in Natural and Artificial Systems [M]. Cambridge,MA: MIT Press,1992a.

[212] Holland J H. Genetic algorithms [J]. Scientific American, 1992b(4):44-50.

[213] Holland J H. Genetic algorithms and the optimal allocations of trials [J]. SIAM Journal of Computing,1973(2):88-105.

[214] Huber P J. Projection pursuit (with discussion) [J]. Ann Statist,1985,13(2):435-475.

[215] Jankowski P, Richard L. Integration of GIS-based suitability analysis and multi-criteria evaluation in a spatial decision support system for route selection [J]. Environment and

Planning, 1994(21): 323-340.

[216] Jankowski P. Integrating geographical information system and multi-criteria decision making methods [J]. International Journal of Geographical Information Systems, 1995, 9(3): 251-273.

[217] Janssen R, Rietveld P. Multicriteria Analysis and GIS: an Application to Agricultural Landuse in the Netherlands [A] // Scholten H J, Stillwell J C H eds. Geographical Information Systems for Urban and Regional Planning [C]. Dordrecht: Kluwer Academic Publishers, 1990.

[218] Joerin F, Theriault M, Musy A. Using GIS and outranking multi-criteria analysis for land use suitability assessment [J]. International Journal of Geographical Information Systems, 2001, 15(2): 153-174.

[219] Kim S H. An application of data envelopment analysis in telephone offices evaluation with partial data [J]. Computers & Operations Research, 1999(26): 59-72.

[220] Klosterman R E. The WHAT IF? Collaborative support system [J]. Environment and Planning: 1999(26):393-408.

[221] Klosterman R E, Siebert L, Hoque M A, et al. Using an Operational Planning Support System to Evaluate Farmland Preservation Polieies [A] // Geertman S, Stillwell J eds. Planning Support System in Practice [C]. Heidelberg: Springer, 2003.

[222] Landis L D. Imagining land use futures: applying the California urban futures model [J]. Journal of the American Planning Association, 1995, 61 (4): 438-457.

[223] Lu Y L, Zong Y G. Ecological planning of land use: the central area of Tianjin [J]. AMBIO, 1996, 25(6):421-424.

[224] Malczewski J. GIS-based land-use suitability analysis: a critical overview [J]. Progress in Planning, 2004(62): 3-65.

[225] Malczewski J. GIS and Multicriteria Decision Analysis [M]. New York: John Wiley and Sons, 1999.

[226] Mallach E G. Decision Support and Data Warehouse System

[M]. New York: McGraw Hill Companies, 2000.

[227] McHarg I L. Design with Nature [M]. New York: Natural History Press, 1969.

[228] Miller K D. Simon and Polanyi on rationality and knowledge [J]. Organization Studies, 2008, 29 (7): 933-955.

[229] Mo Zan, Feng Shan, Tang Chao. A study on integrated model of decision support systems [J]. Journal of Systems Science and Systems Engineering, 2002, 11(3): 62-66.

[230] Niu Z G., Li B G., Zhang F R. Optimum land-use patterns based on regional available soil water [J]. Transactions of the CSAE, 2002, 18(3): 173-177.

[231] Pallottinoa S, Sechib G M, Zuddas P. A DSS for water resources management under uncertainty by scenario analysis [J]. Environmental Modelling & Software, 2005(20): 1031-1042.

[232] Pearce D W, Barbier E. Blueprint for a Sustainable Economy [M]. London: Earthscan Publications Ltd., 2000.

[233] Pearce D W, Turner R K. Economics of Natural Resources and the Environment [M]. Baltimore: Johns Hopkins University Press, 1990.

[234] Pearce D W, Warfold J J. World without End: Economics, Environment and Sustainable Development [M]. New York, N. Y.: Published for the World Bank [by] Oxford University Press, 1993.

[235] Pearce D W. The Economic value of externalities from electricity sources [J]. Scandinavian Journal of Economics, 1993, 88 (1): 8-12.

[236] Pettit C. Use of a collaborative GIS-based planning support system to assist in formulating a sustainable development scenario for Hervey Bay, Australia [J]. Environment and Planning, 2005, 32(4): 523-545.

[237] Postma Theo J B M, Liebl F. How to improve scenario analysis as a strategic management tool [J]. Technological Forecasting & Social Change, 2005(72): 161-173.

[238] Reilly W J. The Law of Retail Gravitation [M]. New York: Knickerbocker, 1931.

[239] Robert Costanza. The value of the world's ecosystem services and natural capital [J]. Nature, 1997, 38(7): 253-260.

[240] Roettera R P, Hoanh C T, Laborte A G, et al. Integration of systems network (Sys. Net) tools for regional land use scenario analysis in Asia [J]. Environmental Modelling & Software, 2005(20): 291-307.

[241] Saaty T L. The Analytic Hierarchy Process[M]. New York: McGraw Hill International Book Co. , 1980.

[242] Schwartz P. The Art of the Long View: Planning for the Future in an Uncertain World [M]. New York: Doubleday Currency, 1991.

[243] Selmin N. Analysis and design of cooperative work process: a framework [J]. Information and Software Tech-nology, 1998, 40(2): 143-156.

[244] Shim J P. Past, present and future of decision support technology [J]. Decision Support Systems, 2002, 33(2): 111-126.

[245] Solow R. An Almost Practical Step Toward Sustainability [A]//Oates W E eds. The RFF Reader in Environmental and Resource Management[C]. Washington D C: Resources for the Future, 1999.

[246] Solow R. The economics of resources or the resources of economics [J]. The American Economic Review, 1974(64): 1-14.

[247] Steinitz C, Parker P, Jordan L. Hand-drawn overlays: their history and prospective uses [J]. Landscape Architect, 1976, 66(5): 444-445.

[248] Stillwell J, Geertman S, Openshaw S. Developments in Geographical Information and Planning [A]//Stillwell J, Geertman S, Openshaw S eds. Geographical Information and Planning[C]. Heidelberg: Springer Verlag, 1999.

[249] Tisdell C. Conditions for Sustainable Development: Weak and Strong [A]//Dragun A K, Tisdell C eds. Sustainable

Agriculture and Environment[C]. Cheltenham: Edward Elgar Publishing Ltd. ,1999.

[250] Toman M A. A Framework for Climate Change Policy [A]// Oates W E eds. The RFF Reader in Environmental and Resource Management[C]. Washington D C: Resources for the Future,1999.

[251] Turner R K. Municipal Solid Waste Management: an Economic Perspective [A]// Bradshaw A D etc. The Treatment and Handling Wastes[C]. London: Chapman and Hall,1992.

[252] Vigar C, Healey P, Hull A, et al. Planning, Governance and Spatial Strategy in Britain: an institutional analysis [M]. Basingstoke, Hampshire: Macmillan Press Ltd. ,2000.

[253] WCED (World Commission on Environment and Development). Our Common Future [M]. Oxford: Oxford University Press,1987.

[254] Webster C. GIS and the scientific inputs to urban planning, Part 2: prediction and prescription [J]. Environment and Planning,1994(21):145-157.

[255] Xiaorui Zhang, Yueguang Zong, Jinliao He. GIS-based Study on Spatial Growth of Bi-polar with Corridor in the Baltimore-Washington Region in the USA [A]//Geoinformatics 2008 and Joint Conference on GIS and Built Environment. [C] Proceedings of SPIE,2008.

[256] Yeh A G O. Urban Planning and GIS[A]//Longley P, et al (eds). Geographical Information Systems (Volume 1): Principles and Applications (Second Edition)[C]. London: John Wiley and Sons,1999.

附录

1. 系统开发中用到的主要类库

类　库	功　能　简　介
System	ArcGIS体系结构中最底层的类库,包含给构成ArcGIS的其他类库提供服务的组件,定义了大量开发者可以实现的接口
SystemUI	定义了ArcGIS系统中所使用的用户界面组件的类型和接口,其中包含的对象是一些使用工具对象,可以通过使用这些对象简化用户界面的开发
Geometry	处理存储在要素类中的要素几何图形、形状或其他图形元素,包含了核心几何对象,如点、线、多边形及几何类型和定义等;空间参考对象,包括投影坐标系统和地理坐标系统,也包含在Geometry类库中
Display	包含用于显示GIS数据的对象;除了负责实际输出图像的主要显示对象外,还包含表示符号和颜色的对象,它们用来控制绘制实体的属性
Controls	包含用于软件开发中所用到的控件以及在控件中使用的命令和工具
Carto	包含了为数据显示服务的对象,支持地图的创建、显示
GeoDatabase	包含了所有与数据进行访问相关的定义的类型,为ArcGIS支持的所有数据源提供了一个统一的编程模型
GeoAnalyst	包含支持核心空间分析功能的对象
DataSourcesFile	包含用于基于文件数据源的矢量数据格式的工作空间工厂和工作空间,如要加载外部的shape文件则需调用此类库
DataSourcesGDB	包含了适用于存储在关系型数据库管理系统RDBMS中的地理数据库所支持的矢量和栅格数据格式的工作空间工厂和工作空间
DataSourcesRaster	包含了适用于基于文件的栅格数据格式的工作空间工厂和工作空间
Spatial Analyst	包含在栅格数据和矢量数据上执行空间分析的对象

2. 规划决策模型实现的部分源程序

```
Private Sub InitializeComponent()
    Me.components = New System.ComponentModel.Container
    Me.SplitContainer1 = New System.Windows.Forms.SplitContainer
    Me.GroupBox2 = New System.Windows.Forms.GroupBox
    Me.Button4 = New System.Windows.Forms.Button
    Me.Button3 = New System.Windows.Forms.Button
    Me.Button2 = New System.Windows.Forms.Button
    Me.GroupBox1 = New System.Windows.Forms.GroupBox
    Me.Button1 = New System.Windows.Forms.Button
    Me.Label2 = New System.Windows.Forms.Label
    Me.Label1 = New System.Windows.Forms.Label
    Me.ComboBox2 = New System.Windows.Forms.ComboBox
    Me.ComboBox1 = New System.Windows.Forms.ComboBox
    Me.SplitContainer2 = New System.Windows.Forms.SplitContainer
    Me.ZedGraphControl1 = New ZedGraph.ZedGraphControl
    Me.DataGridView1 = New System.Windows.Forms.DataGridView
    Me.Column1 = New System.Windows.Forms.DataGridViewTextBoxColumn
    Me.Column2 = New System.Windows.Forms.DataGridViewTextBoxColumn
    Me.Column3 = New System.Windows.Forms.DataGridViewTextBoxColumn
    Me.Button5 = New System.Windows.Forms.Button
    Me.SplitContainer1.Panel1.SuspendLayout()
    Me.SplitContainer1.Panel2.SuspendLayout()
```

```
Me. SplitContainer1. SuspendLayout( )
Me. GroupBox2. SuspendLayout( )
Me. GroupBox1. SuspendLayout( )
Me. SplitContainer2. Panel1. SuspendLayout( )
Me. SplitContainer2. Panel2. SuspendLayout( )
Me. SplitContainer2. SuspendLayout( )
CType( Me. DataGridView1,
System. ComponentModel. ISupportInitialize). BeginInit( )
Me. SuspendLayout( )

'SplitContainer1
'
Me. SplitContainer1. Dock = System. Windows. Forms. DockStyle. Fill
Me. SplitContainer1. Location = New System. Drawing. Point (0,0)
Me. SplitContainer1. Name = "SplitContainer1"

'SplitContainer1. Panel1
'
Me. SplitContainer1. Panel1. Controls. Add( Me. GroupBox2)
Me. SplitContainer1. Panel1. Controls. Add( Me. GroupBox1)

'SplitContainer1. Panel2
'
Me. SplitContainer1. Panel2. Controls. Add( Me. SplitContainer2)
Me. SplitContainer1. Size = New System. Drawing. Size( 560,337)
Me. SplitContainer1. SplitterDistance = 207
Me. SplitContainer1. TabIndex = 0
'
'GroupBox2
```

Me. GroupBox2. Controls. Add(Me. Button5)
Me. GroupBox2. Controls. Add(Me. Button4)
Me. GroupBox2. Controls. Add(Me. Button3)
Me. GroupBox2. Controls. Add(Me. Button2)
Me. GroupBox2. Location = New System. Drawing. Point(6, 178)
Me. GroupBox2. Name = "GroupBox2"
Me. GroupBox2. Size = New System. Drawing. Size(194, 156)
Me. GroupBox2. TabIndex = 1
Me. GroupBox2. TabStop = False
Me. GroupBox2. Text = "决策"

Button4

Me. Button4. Location = New System. Drawing. Point(60, 91)
Me. Button4. Name = "Button4"
Me. Button4. Size = New System. Drawing. Size(77, 23)
Me. Button4. TabIndex = 4
Me. Button4. Text = "区域划分"
Me. Button4. UseVisualStyleBackColor = True

Button3

Me. Button3. Location = New System. Drawing. Point(60, 56)
Me. Button3. Name = "Button3"
Me. Button3. Size = New System. Drawing. Size(77, 23)
Me. Button3. TabIndex = 3
Me. Button3. Text = "显示区间"
Me. Button3. UseVisualStyleBackColor = True

'Button2

Me. Button2. Location = New System. Drawing. Point(60,20)
Me. Button2. Name = "Button2"
Me. Button2. Size = New System. Drawing. Size(77,23)
Me. Button2. TabIndex = 2
Me. Button2. Text = "显示直方图"
Me. Button2. UseVisualStyleBackColor = True

'GroupBox1

Me. GroupBox1. Controls. Add(Me. Button1)
Me. GroupBox1. Controls. Add(Me. Label2)
Me. GroupBox1. Controls. Add(Me. Label1)
Me. GroupBox1. Controls. Add(Me. ComboBox2)
Me. GroupBox1. Controls. Add(Me. ComboBox1)
Me. GroupBox1. Location = New System. Drawing. Point(6,9)
Me. GroupBox1. Name = "GroupBox1"
Me. GroupBox1. Size = New System. Drawing. Size(194,157)
Me. GroupBox1. TabIndex = 0
Me. GroupBox1. TabStop = False
Me. GroupBox1. Text = "要素"

'Button1

Me. Button1. Location = New System. Drawing. Point(60,113)
Me. Button1. Name = "Button1"
Me. Button1. Size = New System. Drawing. Size(77,23)

Me. Button1. TabIndex = 1
Me. Button1. Text = "要素综合"
Me. Button1. UseVisualStyleBackColor = True

Label2

Me. Label2. AutoSize = True
Me. Label2. Location = New System. Drawing. Point(6,82)
Me. Label2. Name = "Label2"
Me. Label2. Size = New System. Drawing. Size(53,12)
Me. Label2. TabIndex = 11
Me. Label2. Text = "阻力要素"

Label1

Me. Label1. AutoSize = True
Me. Label1. Location = New System. Drawing. Point(6,29)
Me. Label1. Name = "Label1"
Me. Label1. Size = New System. Drawing. Size(53,12)
Me. Label1. TabIndex = 10
Me. Label1. Text = "潜力要素"

ComboBox2

Me. ComboBox2. DropDownStyle = System. Windows. Forms. ComboBoxStyle. DropDownList
Me. ComboBox2. FormattingEnabled = True
Me. ComboBox2. Location = New System. Drawing. Point(78,74)
Me. ComboBox2. Name = "ComboBox2"
Me. ComboBox2. Size = New System. Drawing. Size(101,20)
Me. ComboBox2. TabIndex = 9

'ComboBox1

Me. ComboBox1. DropDownStyle = System. Windows. Forms. ComboBoxStyle. DropDownList
Me. ComboBox1. FormattingEnabled = True
Me. ComboBox1. Location = New System. Drawing. Point (78,21)
Me. ComboBox1. Name = "ComboBox1"
Me. ComboBox1. Size = New System. Drawing. Size(101,20)
Me. ComboBox1. TabIndex = 8

'SplitContainer2

Me. SplitContainer2. Dock = System. Windows. Forms. DockStyle. Fill
Me. SplitContainer2. Location = New System. Drawing. Point (0,0)
Me. SplitContainer2. Name = "SplitContainer2"
Me. SplitContainer2. Orientation = System. Windows. Forms. Orientation. Horizontal

'SplitContainer2. Panel1

Me. SplitContainer2. Panel1. Controls. Add (Me. ZedGraph-Control1)

'SplitContainer2. Panel2

Me. SplitContainer2. Panel2. Controls. Add (Me. DataGrid-View1)
Me. SplitContainer2. Size = New System. Drawing. Size(349, 337)
Me. SplitContainer2. SplitterDistance = 166

Me. SplitContainer2. TabIndex = 0

ZedGraphControl1

Me. ZedGraphControl1. Dock = System. Windows. Forms. DockStyle. Fill
Me. ZedGraphControl1. IsEnableHZoom = False
Me. ZedGraphControl1. IsEnableSelection = True
Me. ZedGraphControl1. Location = New System. Drawing. Point(0,0)
Me. ZedGraphControl1. Name = "ZedGraphControl1"
Me. ZedGraphControl1. ScrollGrace = 0
Me. ZedGraphControl1. ScrollMaxX = 0
Me. ZedGraphControl1. ScrollMaxY = 0
Me. ZedGraphControl1. ScrollMaxY2 = 0
Me. ZedGraphControl1. ScrollMinX = 0
Me. ZedGraphControl1. ScrollMinY = 0
Me. ZedGraphControl1. ScrollMinY2 = 0
Me. ZedGraphControl1. SelectModifierKeys = System. Windows. Forms. Keys. None
Me. ZedGraphControl1. Size = New System. Drawing. Size(349,166)
Me. ZedGraphControl1. TabIndex = 6
Me. ZedGraphControl1. ZoomButtons = System. Windows. Forms. MouseButtons. None

DataGridView1

Me. DataGridView1. ColumnHeadersHeightSizeMode = System. Windows. Forms. DataGridViewColumnHeadersHeightSizeMode. AutoSize
Me. DataGridView1. Columns. AddRange(New System. Windows. Forms. DataGridViewColumn() {Me. Column1, Me.

Column2,Me.Column3})
Me.DataGridView1.Dock = System.Windows.Forms.DockStyle.Fill
Me.DataGridView1.Location = New System.Drawing.Point(0,0)
Me.DataGridView1.Name = "DataGridView1"
Me.DataGridView1.RowTemplate.Height = 23
Me.DataGridView1.Size = New System.Drawing.Size(349,167)
Me.DataGridView1.TabIndex = 0

'Column1
'
Me.Column1.HeaderText = "编号"
Me.Column1.Name = "Column1"
'
'Column2
'
Me.Column2.HeaderText = "区间"
Me.Column2.Name = "Column2"
'
'Column3
'
Me.Column3.HeaderText = "类型"
Me.Column3.Name = "Column3"
'
TwoIndex
End Sub

图片来源

图1-1 至图1-2　源自:作者自制
图2-1 至图2-3　源自:作者自制
图3-1　源自:作者根据相关资料整理重绘
图3-2 至图3-6　源自:作者自制
图4-1 至图4-3　源自:作者自制
图5-0　源自:作者自制
图6-1 至图6-2　源自:作者自制
图6-3　源自:吴信才,2002.即参考文献[129].
图6-4 至图6-25　源自:作者自制
图7-1 至图7-20　源自:作者自制

表格来源

表 1-0　源自:作者根据相关资料整理重绘
表 2-0　源自:作者自制
表 4-1　源自:作者自制
表 4-2　源自:作者根据相关资料整理重绘
表 4-3　源自:程建权,1999.即参考文献[10]
表 6-0　源自:作者自制
表 7-1　源自:作者自制
表 7-2　源自:北京统计年鉴,2008
表 7-3　源自:河北经济年鉴,2008
表 7-4　源自:天津经济年鉴,2008
表 7-5 至表 7-15　源自:作者自制

后记

本书在写作过程中得到了许多良师益友的关心和帮助,特致谢意。

首先要向我的博士生导师、南京大学宗跃光教授致以衷心的感谢。宗教授在城市与区域规划领域为笔者打开了一扇全新的窗口,正是在先生的指导下,笔者才有机会学习了 GIS、DSS、PSS 等现代空间信息技术和规划决策支持技术,由此方能有拙作的产生。宗教授渊博的知识和严谨治学的态度将深深地影响着我!

在本书研究与写作过程中,得到了许多专家、学者的热情帮助,他们是南京大学徐建刚教授、翟国方教授、黄贤金教授、甄峰教授,中国科学院南京地理与湖泊研究所姚士谋研究员,南京农业大学王万茂教授,深深感谢他们所给予的宝贵建议和指导。

感谢江苏省建设厅吴立群博士,德国海德堡大学何金廖博士,镇江市规划设计研究院马强规划师,他们都给了我许多指导和启示。特别要感谢中国科学院的韩昱博士,他对于本书中的规划支持系统的开发设计作出了很大的贡献。

感谢南京大学,百年名校,诚朴雄伟,励学敦行,其悠久的学术传统和深厚的文化底蕴必将使我受益终生!

感谢东南大学出版社徐步政和孙惠玉编辑为本书的出版所付出的辛勤劳动!

感谢为本书贡献知识的专家学者,书中引用了许多同仁的相关学术思想和研究成果,虽然基本上做到了清晰的引用标注,但是仍有些没能在参考文献中一一列出,疏漏之处敬请谅解。

最后,本书选题来自于国家 863 计划项目(2007AA12Z235),在出版中得到了安徽高校省级自然科学研究重点项目(KJ2010A281)和中央高校基本科研业务费专项资金(2012HGXJ0047)的联合资助,在此表示衷心的感谢!

谨以此书,献给支持、关心、帮助、鼓励我的老师、同事、同学、朋友和家人!

张晓瑞

2012 年 1 月